AI+智能应用丛书

职场 AI 效能 大全

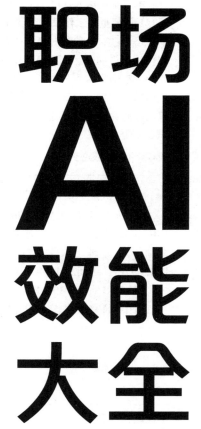

ChatGPT 与 Midjourney、Stable Diffusion

实战手册

刘忠彬 陈凯统 夏梦欣 ◎ 编著

北京理工大学出版社
BEIJING INSTITUTE OF TECHNOLOGY PRESS

内 容 简 介

本书全面深入探讨了生成内容的人工智能（AIGC），系统阐述了其定义、应用及未来趋势。书中分析了 AI 如何重塑工作模式与职业机会，提供了零基础者的详尽入门指南，目的是帮助读者掌握关键技能与学习路径。本书具体内容包括有效利用 ChatGPT 的技巧，如 Prompt 设计与自定义指令，提升日常沟通与创作效率；同时，探讨 AIGC 在项目管理、职场写作及数据分析中的多样化应用，显著提高工作效能。此外，本书中深入分析了 Midjourney 与 Stable Diffusion 的强大功能，指导读者如何在商业设计中运用 AI 生成独特图像，以满足多元创意需求。最后，本书重点讨论了 AI 伦理与法律问题，深入解析了数字版权、从业者管理与行业前景，为 AIGC 的发展提供了理论支持，旨在帮助读者把握 AI 时代的脉搏，提升职业竞争力。

图书在版编目（CIP）数据

职场 AI 效能大全：ChatGPT 与 Midjourney、Stable
Diffusion 实战手册 / 刘忠彬，陈凯统，夏梦欣编著.
北京 ：北京理工大学出版社，2025. 1.
ISBN 978-7-5763-4998-6

Ⅰ . TP18；TP391.413

中国国家版本馆 CIP 数据核字第 2025LW6106 号

责任编辑：江 立　　　　　　文案编辑：江 立
责任校对：周瑞红　　　　　　责任印制：施胜娟

出版发行 / 北京理工大学出版社有限责任公司
社　　　址 / 北京市丰台区四合庄路 6 号
邮　　　编 / 100070
电　　　话 / （010）68944451（大众售后服务热线）
　　　　　　（010）68912824（大众售后服务热线）
网　　　址 / http：//www. bitpress. com. cn

版 印 次 / 2025 年 1 月第 1 版第 1 次印刷
印　　　刷 / 三河市中晟雅豪印务有限公司
开　　　本 / 787 mm × 1020 mm　1/16
印　　　张 / 17.5
字　　　数 / 389 千字
定　　　价 / 99.00 元

前言

《职场 AI 效能大全：ChatGPT 与 Midjourney、Stable Diffusion 实战手册》是一本全面介绍 AI 内容生成（AIGC）应用的指南，专为职场人士设计，帮助他们掌握最新的 AI 技术，并在工作中发挥其巨大潜力。本书从 AIGC 的基础概念入手，深入探讨了 AI 如何改变现代工作环境，提供了丰富的职业发展机会和岗位指导。

书中详细介绍了如何从零基础开始学习 AI，尤其是如何有效使用 ChatGPT、Midjourney 和 Stable Diffusion 这三大工具。每章节不仅覆盖了工具的基本操作和应用技巧，还深入讲解了如何将这些工具应用于具体的职业场景中，如项目管理、内容创作、数据分析和营销策略优化等。

此外，本书还讨论了 AI 在商业领域的高级应用，包括图像生成、素材设计，以及如何利用 AI 优化工作流程和提升创意输出。最后，书中还探讨了 AI 伦理与法律问题，确保读者在掌握技术的同时，也能理解和遵循相关的法律规范。希望本书能成为利用 AI 技术提升职业竞争力和工作效率职场人士的必备读物。

由于作者水平有限，编写过程中难免有不足之处，敬请批评指正。

编 者

目　录
CONTENTS

第 1 章 AIGC 的定义与趋势展望

人工智能（Artificial Intelligence，AI）正悄无声息地重塑人们的工作和生活。从自动化任务到智能决策支持，再到个性化服务和客户体验，AI 正逐渐成为各行各业的利器，为企业和个人带来了巨大的效益和机遇。

在步入第一章之前，先思考一个问题：在 AI 技术飞速发展的今天，如何能够最大化地利用这些先进技术来创造、分析和改进内容？本章将介绍 AI 内容生成（AI-Generated Content，AIGC）的概念，探讨它如何重塑人们的工作方式，并展望其带来的新职业机会。

本章将从 AIGC 的基本定义和核心技术开始，了解它在不同行业中如何用于自动化和优化内容创作；随后，将深入探讨这些技术是如何改变传统职业的，并分析新兴的职业机会，这些都是由 AI 推动的创新和需求所催生的。

随着逐步揭开 AIGC 的神秘面纱，希望本章能为读者提供一个清晰的框架，帮助读者理解这些技术背后的工作原理以及它们将如何影响人们的未来。

1.1 AI 与内容生成：AIGC 概述

如今 AI 已经成为日常生活中不可或缺的一部分。特别是在内容生成领域，AIGC 技术正逐渐成为焦点。本节将详细介绍 AIGC 的概念、优势及应用前景。

1.1.1 AIGC 的定义与概念理解

AIGC 指的是使用 AI 技术来自动创建内容的过程。这种技术涵盖了从文字、图片到视频等各种形式的内容，可以说是在传统内容生成方法上的一种革新。

尽管 AIGC 的概念在学术和业界得到了广泛认知，但公众对它的理解仍然存在一些误区。最常见的误解是将 AIGC 简单等同于 AI 本身，而忽视了它在具体实施中的独特应用和技术要求。

1.1.2　AI 的发展历程

AI 的发展历程可以追溯到 20 世纪 50 年代，当时诞生了第一台可以模拟人类思维的计算机。从那时起，AI 经历了多个阶段的发展。

1. 符号主义时代

早期的 AI 主要采用符号主义的方法，即基于逻辑推理和符号处理的方式来实现智能。但这种方法在处理复杂问题时面临巨大挑战，因为它无法应对大量的不确定性和模糊性。

2. 连接主义时代

20 世纪 80 年代中期，随着计算机性能的提升和神经网络理论的发展，连接主义成为 AI 的新兴范式。连接主义模型模仿了人脑神经元之间的连接方式，通过大规模的并行计算来实现学习和推理。

3. 统计学习时代

随着大数据和机器学习算法的兴起，AI 进入了统计学习时代。这一时期的 AI 注重于利用大规模数据进行模式识别和预测，在向量机、随机森林、深度学习等方法中提供支持，被广泛应用于图像识别、语音识别、自然语言处理等领域。

4. 认知计算时代

近年来，随着对人类认知和学习机制的深入研究，认知计算成为 AI 发展的新方向。通过结合认知科学、神经科学和计算模型，研究 AI 系统如何更加智能地感知、理解和学习。

1.1.3　AIGC 的优势

1. 速度

由于不受人类思考和物理输入速度的限制，因此 AIGC 能够迅速生成大量内容。这一点在需要快速产出大量内容的商业环境中尤为重要。

2. 内容质量的稳定性

与人类内容创作者不同，AIGC 不会因为个人情绪或其他外界因素而影响创作质量。只要输入数据的质量足够高，输出内容的质量也相应保持一致。

3. 成本

与传统的内容生成相比，AIGC 大大降低了人力、物力的投入。通过云服务等技术，使用 AIGC 可以用更低的成本达到相同甚至更好的效果。

1.1.4　AIGC 的应用场景

1. 文本生成

文本内容的生成是 AIGC 的一大应用领域。例如，ChatGPT 等工具可以自动生成新闻文章、故事、脚本等各种类型的文本内容。

2. 图像生产

在图像领域，如 Stable Diffusion 和 DALL·E 等工具能够基于简单的描述自动生成高质量的图片。这些技术不仅可以用于艺术创作，也能应用在广告、媒体和娱乐等行业。

3. 视频和直播

AIGC 在视频制作和直播领域也展现出巨大的潜力。AI 可以用于生成视频内容，或者在直播中扮演虚拟主持人的角色，这些应用正在逐渐改变传统媒体产业的面貌。

1.1.5　AIGC 技术的挑战与前景

尽管 AIGC 拥有诸多优势，但在实际应用中还面临着不少技术挑战。例如，如何确保生成内容的原创性、避免侵权，如何提高系统的自适应能力等，都是当前技术需要解决的问题。

AIGC 有望在多个领域发挥更大的作用。随着算法和硬件的进一步优化，其应用范围将更广，效率将更高。尽管面临一些挑战，但其广阔的应用前景是不容忽视的。AIGC 作为一种新兴的内容生成技术，通过其速度快、质量高、成本低的特点，特别是在虚拟现实、增强现实等新兴技术中，正在逐步改变内容产业的生产方式。了解 AIGC 的基本概念及其优势，可以帮助人们更好地把握技术发展的脉络，优化相关应用，推动行业进步。

1.2　AI 如何改变工作方式

AI 已经深刻地改变了我们的工作方式，为各行业带来前所未有的变革的同时，也正逐渐成为各行各业的利器，为企业和个人带来巨大的效益和机遇，具体体现在以下几个方面。

1. 自动化和效率提升

最显著的表现是 AI 在自动化和效率方面的作用。以往许多重复性任务消耗了大量时间和人力，如数据录入、文件整理等。然而，随着 AI 技术的发展，这些任务已被自动化处理，释放了人力资源，使人们能够将更多精力投入到创造性和战略性工作中。例如，AI 可以通过自然语言处理（NLP）技术，自动回复电子邮件、安排会议，甚至帮助管理日程，极大提高工作效率。

2. 智能决策支持

AI 还在决策过程中发挥着越来越重要的作用。通过分析大数据和模式识别，AI 能够提供数据驱动的决策支持，帮助企业领导者作出更准确、更明智的决策。在金融领域，AI 可以分析市场趋势和风险，为投资者提供智能化的投资建议；在医疗领域，AI 可以帮助医生诊断疾病，制订治疗方案，提高医疗质量和效率。

3.个性化服务和客户体验

AI 还可以通过个性化服务和客户体验，提升企业的竞争力。通过分析用户数据和行为模式，AI 可以为用户提供个性化推荐和定制服务，从而增强用户满意度和忠诚度。例如，许多电子商务平台利用 AI 算法，根据用户的购买历史和浏览偏好推荐符合其兴趣的产品，提高客户的购物体验和销售转化率。

随着 AI 技术的不断进步和应用场景的不断拓展，可以预见，AI 将继续改变人们的工作方式，带来更多创新和机遇。例如，随着自然语言处理和图像识别技术的进步，AI 将能够在更多领域实现人类水平的理解和交流，如智能客服、智能助手等。另外，随着智能机器人和自动驾驶技术的成熟，我们也将看到 AI 在物流、制造等领域发挥越来越重要的作用，助力实现生产和服务的智能化和自动化。

1.3　AI 内容新机遇：职业机会与岗位探索

AI 不仅改变了人们的生活方式和工作方式，还带来了全新的职业机会和岗位。本节我们将探讨 AI 对创意和效率的影响，以及它所带来的新的职业领域。

首先，在创意领域。随着 AI 技术的普及，创作变得更加大众化。以前，只有专业的插画师才能创作绘本或线稿，但现在，借助稳定的 AI 创作工具，任何人都可以轻松生成绘本和插画。这种大众化的创作使得内容创作变得更加多样化和丰富。

其次，个性化内容的生成也变得更加容易。过去，写作常常依赖于模仿和参考，但现在借助如 ChatGPT 等 AI 工具，个性化的内容创作变得轻而易举。无论是作文还是其他文案，AI 都可以帮助我们快速生成符合个性化需求的内容，使得创作更加独特和富有个性。

再次，通过 AI 生成音乐、图像等创意作品，我们可以探索到以前无法想象的艺术领域。即使是对于非专业人士，AI 也为他们提供了展示创意的平台，使得每个人都有机会参与到创意的表达中。

无论是学习新的知识还是探索新的领域，AI 都可以作为一个强大的工具和老师，帮助我们解决学习中的困难和挑战，促进个人和社会的发展。除了创意领域，AI 还在效率方面发挥重要作用。通过智能化技术，人们可以大大提高生产效率，实现更高质量的工作成果。

AI 在语言和文化的普及方面发挥了重要作用。借助 AI 翻译和语言处理技术，我们可以轻松地跨越语言和文化障碍，实现全球化沟通和合作。这对于跨国企业和国际交流具有重要意义。AI 在研究和信息领域的应用也日益广泛。通过分析大量数据，AI 可以帮助发现隐藏在数据背后的规律和趋势，为科学研究和商业决策提供重要参考。同时，AI 也在信息和内容生产方面发挥着重要作用。从新闻报道到科技资讯，从社交媒体到电子商务，AI 都可以帮助我们快速生成个性化的内容，满足用户的不同需求和兴趣。

AI 技术的不断发展也催生了许多新的职业领域和岗位。其中包括如下几个职位。

数据合规分析师：负责监督和管理相关数据的合规性，确保数据的合法使用。

金融机器学习工程师：设计和优化金融领域的机器学习模型，预测市场走势，提供投资建议。

智能界面交互设计师：利用 AI 技术设计和优化用户界面和用户体验，提供个性化的设计方案。

虚拟试衣间体验师：负责在虚拟试衣间场景中进行体验测试和优化，提供更真实和个性化的购物体验。

除了以上这些具体的职业领域，还有许多通用的基础设施岗位，如 AI 算法工程师和对齐工程师等。这些岗位通常需要具有较高的通用性和专业性能力的人才与之相匹配，只要这些人才结合了具体的行业经验和专业知识，就可以发挥远胜传统工人的作用。

总之，AI 为我们带来了无限的机遇和挑战。无论是在创意领域还是效率方面，AI 都为我们提供了全新的工作方式和职业选择。重要的是，我们要不断学习和适应，抓住机遇，与时俱进，实现个人和社会的发展与进步。

第 2 章

AI：零基础入门指南

第 1 章揭示了 AI 在商业领域的广泛应用，以及 AI 对工作和生活方式带来的深远影响。现在，继续踏上探索之旅，深入了解 AI 的本质和范畴，以及如何将其运用到我们的工作和生活中。

本章将探索 AI 的概念和范畴，剖析 AI 在解决问题、优化效率方面的作用，并澄清一些常见的误区。通过学习本章，将了解到：学习 AI 不仅可以提供新的工具和解决方案，更能够激发创意、提高效率，有助于人们在竞争激烈的工作环境中脱颖而出。

2.1　AI 概念与范畴剖析

AI 不仅仅是技术进步的标志，更是一种全新的思维模式，它正在重塑解决问题和提升效率的方法。

1. AI是一种思维

AI 不仅是一种技术，更是一种思维方式。它是一种条理清晰、高效解决问题的思维方式，能够利用高效率和低成本的手段去实现探索和确定最佳工作实践的目标。在解决问题时运用 AI 的思维方式，可以形成标准操作（SOP），将标准量化到每一个细节，提高工作效率，避免资源浪费。

2. AI的常见误区

在谈论 AI 时，存在一些常见的误区。

误区一：AI 会取代人类。实际上，AI 并非要取代人类，而是让人类能更专注于更有价值和更不可替代的工作。AI 在很多领域表现出色，但其目的是为人类提供更好的工具和解决方案。

误区二：学习 AI 需要复杂的软件和理论知识。事实上，学习 AI 并不需要复杂的软件和理论知识。无论具备什么学历背景还是处在何种职业阶段，任何人都可以迅速掌握 AI 这个未来通用的技能，从而大幅提高工作效率和愉悦度。此外，学习 AI 并不要求非常优秀的英语能力，因此很多人可以轻松掌握这一技能。

AI 作为一种思维方式和工具，提供了解决问题和优化效率的全新途径。通过深入理解 AI 的概念和范畴，人们能够更好地应用它来解决现实生活和工作中的挑战，从而实现自己工作生涯的长足发展。

2.2　探寻 AI 职业机遇与规划建议

在探寻 AI 职业机遇与规划建议的征途上，我们将启程探索 AI 的奥秘，揭示 AI 在各领域的应用潜力，以及将其融入个人兴趣、提升工作效率和实现梦想。

1. 基于兴趣学习AI

学习 AI 可以成为一段充满乐趣和挑战的旅程。如果你对技术、数据分析或人类智能模拟感兴趣，那么学习 AI 将会是一次非常有意义的体验。通过学习 AI 的算法、模型和应用，你可以探索到 AI 在游戏设计、艺术创作、音乐生成等领域的应用，激发自己的创造力和想象力。此外，AI 也可以帮助你更好地理解人类思维和决策过程，为你打开认知科学和心理学的新世界。

2. 基于提高工作效率学习AI

如果你已经有了一份工作，那么学习 AI 可以帮助你提高工作效率，从而更好地应对工作挑战。无论你是从事销售、客服、市场营销、生产制造还是其他工作，AI 都有着广泛的应用场景。通过学习 AI 的自动化工具、数据分析技术和智能决策模型，你可以优化工作流程，提高工作质量，并且节省时间和精力。这将使你在工作中更加高效、自信，也会为你的职业发展带来更多的机会。

3. 用AI实现梦想工作

即使你目前没有特别的工作或兴趣，也可以通过学习 AI 的方式去实现你想从事的工作。AI 技术的应用已经渗透到了各个行业，无论是医疗、教育、金融、艺术还是其他行业，都有众多的机会和挑战。你可以通过学习 AI 的算法、编程技术和应用案例，自己动手实现你的创意和想法，创造出属于自己的工作机会。这样的旅程不仅会让你拥有技术和创新的能力，还会带给你成就感和自信心，让你成为一个更有价值的个体。

无论是基于兴趣、提高工作效率还是实现梦想工作，学习 AI 都是一次值得尝试的旅程。通过掌握 AI 技术，你将不仅能够更好地应对未来的挑战，还能够开启更加丰富多彩的人生。

2.3 步入 AI 领域：必备技能、学习路径与求职技巧

进入 AI 领域可能会让你感到困惑，尤其是对于非科班出身、零基础的人来说。然而，随着 AI 技术的普及和发展，学习 AI 并不像想象中那么遥远。本节将阐述步入 AI 领域的学习方法、步骤和建议，帮助你建立扎实的基础，并在职业道路上迈出坚实的步伐。

接下来将探讨如何在学习的道路上跨过这些障碍，让学习变得更加有趣和可掌握，看看一个阶梯式的学习方法，让那些看起来复杂的知识点变得轻松、透彻。

第一步：先玩起来。兴趣是最好的老师，玩起来是学习的第一步，把每一天都当成一个新的挑战，就像游戏中的关卡一样，每一天都是前进的机会，一步步接近目标。

第二步：先用起来。把学到的知识应用起来，就像在 Word 中设置字体颜色一样简单。通过实际操作，就会发现知识更容易记住，也更有趣。

第三步：基于问题去找答案。将学习当作一次解谜游戏，每个问题都是前进的线索。随着解答问题，知识会逐渐成形，形成自己的知识体系。

第四步：通过答案建构知识体系。就像搭积木一样，每个答案都是知识体系中的一个块。随着知识的不断积累，你会惊喜地发现学习变得更加容易而且有趣。

第五步：根据自己的知识体系侧重点，去找工作和做职业规划。学有所用才是关键。你会发现，你掌握的知识正是你在职业发展中的有力武器。

现在来看如何运用这些步骤学习新的技能。

1. 学习ChatGPT

为什么要学习 ChatGPT？因为它能够让用户用自然语言与计算机交流，就像朋友一样。无论是编程还是设置字体颜色，都可以用自然语言来轻松实现。ChatGPT 的火爆，正是因为它能够通过自然语言实现各种目标。因此，学习 ChatGPT 不仅是掌握一个工具，更是学会用自然语言来解决问题的方法。

2. 学习Midjourney

Midjourney 是一个神奇的工具，它能够让用户用最自然的语言绘制最接近工作成品的作品。无论是天马行空的创意还是实用的海报，Midjourney 都能以简单、快速的方式帮助用户完成。

3. 学习Stable Diffusion

掌握 Prompt（提示词）和 AI 绘图原理可以更加灵活、专业地完成个性化工作。通过从文字到图片的基础学习，用户可以根据实际项目进行工作演练，细致地涵盖工作中的各个细节，为工作打下坚实的基础。

学完这些内容可以掌握基本的工作能力。接下来是更深入地了解不同工作内容和岗位，并制订更具针对性的学习计划和职业规划，这个过程可能涉及求职面试等环节。同时，通过学习和应用 AI 工具作为强大的支持，提高工作效率和表现水平。

以下是一些职业规划建议。

（1）确定长期目标。

首先，明确职业目标，即希望在 AI 领域成为哪个方面的专家，是研究、开发，还是应用。

（2）入门学习。

ChatGPT：作为一款广受欢迎的自然语言处理工具，首先要掌握其基本操作和与之交互的方式。

Midjourney：探索这一工具的全部功能，并尝试使用它完成一些实际的设计或创意任务。

Stable Diffusion：对此有一个初步的了解，能够查找相关资料或课程学习其基础知识。

（3）进阶学习。

AI 原理与算法：虽然你不必成为专业研究者，但了解 AI 的一些核心原理和算法是非常有帮助的。这不仅有助于更好地使用 AI 工具，也可以更有创意地应用 AI 软件。

应用实践：以项目为导向进行学习。例如，开展一个项目来探索 ChatGPT 在特定场景下的应用，或者使用 Midjourney 完成一个实际的设计任务。

（4）深化专长。

选择你最感兴趣的一个或几个领域进行深入学习和研究，如 ChatGPT 的高级功能、Midjourney 的高级设计技巧或 Stable Diffusion 的应用方法等。争取在相关领域发表文章或进行公开演讲，建立自己的行业影响力。

（5）职业发展。

初级阶段：申请 AI 公司或相关机构的初级职位，如 AI 产品经理、设计师或项目协调员。

中级阶段：在实践中积累经验，晋升为项目负责人或团队领导，主导或管理一些大型项目。

高级阶段：考虑创建自己的 AI 初创公司，或在大型公司中担任 AI 部门的主管或高级咨询顾问。

（6）终身学习。

AI 是一个快速发展的领域，需始终保持对新技术、新方法和新思路的关注和学习。

在这个旅程的最后，你会发现自己已经变得与众不同了。你不仅掌握了有用的知识，还能在实际工作中游刃有余。学习不再是一座高山，而是一段充满乐趣和成就感的征程。

总之，职业规划是一个动态的过程，需要随着市场、技术和个人兴趣的变化进行调整。所以，让我们一起迎接这个充满挑战但又充满希望的学习世界，使它变得有趣、可掌握。

通过本章的学习，你已经打下了坚实的基础并掌握了必要的技能和知识。然而，这只是一个开始。AI 领域是一个广阔而充满挑战的领域，只有不断学习和实践，才能不断提升。接下来将深入了解如何利用 ChatGPT 这个智能工具，以及作为普通人如何进入 AI 领域，成为引路者和助力者。

第 3 章　ChatGPT：零基础入门指南

前两章已经明确了 AI 是一个应用广泛的技术领域，了解到学习 AI 并不需要过多的理论基础，而是需要掌握一些基本的知识和技能。下面将更深入地探讨如何开始这段学习之旅，摆脱一些常见的误区，介绍一些简单实用的学习方法，从而快速上手 AI 技术。

接下来你将了解到如何选择适合自己的学习路径，掌握 AI 所需的基本概念和工具，以及如何通过实际项目和应用案例来提升自己的技能。无论是否具备专业背景，你都能够在这个充满挑战和机遇的领域里找到属于自己的位置。让我们一起踏上这段学习之旅，探索 AI 的无限可能性。

3.1　AI 技能的学习方法

对于大多数初学者来说，传统的学习路径，如学习编程、机器学习、数据分析，可能显得既复杂又令人望而生畏。实际上，要入门 AI，我们可以采用更为直观和简便的方法，即通过直接应用 AI 工具来解决问题，而无须深入了解背后的技术细节。

3.1.1　为什么说初学者不必从学习编程和机器学习开始

许多人认为，想要使用 AI，首先必须掌握编程语言如 Python，了解机器学习算法等。这种观点虽然在某些专业领域内是正确的，但对于大多数普通用户而言，过早深入这些技术细节可能反而阻碍了对 AI 的兴趣和应用。事实上，现代 AI 工具和平台已经设计得对用户足够友好，没有技术背景的人也能轻松上手。

3.1.2　解决问题的思路是关键

在不深入学习技术细节的前提下，最重要的是培养解决问题的思路。这包括如何定义问题、设定目标以及规划实现路径。例如，用户想通过 AI 生成一本书的内容，就需要先明确书的主题和结构，然后利用 AI 工具来辅助内容的生成和编辑。

这种思路强调的是与 AI 的交互，即告诉 AI 用户需要什么，而不是自己去编写代码实现需求。通过明确用户的需求和预期效果，AI 可以帮助用户更有效地达成目标。

3.1.3　基础软件的操作

另一个重要的方面是基础的软件操作能力。无论是使用文字处理软件还是 AI 服务平台，基本的计算机操作技能都是必不可少的。这包括了解如何输入命令、上传文件以及利用界面进行基本的交互。这些技能使 AI 初学者也能开始使用这些工具来实现自己的目标。

3.1.4　如何通过 AI 来解决问题

定义问题。清晰地描述问题以及想要 AI 帮助解决的具体内容。比如，用户想设计一个网站的布局，那么需要先定义网站的主题和功能需求。

设定预期效果。明确希望通过 AI 实现的最终效果。这可以是一个具体的产品，如一本书，也可以是一个服务流程的优化。

制订实现步骤。虽然 AI 可以自动处理许多任务，但通常需要用户设定一系列指导步骤来引导其完成任务。这可能包括选择合适的工具、设置参数以及调整结果。

逐步演示。以图书创建为例，假设用户想利用 AI 来撰写一本书，首先需要定义书的主题和目标读者，这将帮助 AI 定位内容的风格和深度。接着可以设定书的结构，如章节标题和主要内容点。通过 AI，可以生成初稿，最后根据需要进行人工微调和编辑或改写。这个过程不需要深入的编程知识，而是需要清晰的指令和目标设定。

3.1.5　基础技能的重要性

虽然深入的技术学习不是初期必需的，但一些基础技能，如流畅的打字能力和基本的英语能力是必要的。这些技能可确保用户有效地与 AI 工具交互，表达需求。

在 AI 的学习和应用中，不必一开始就深入复杂的技术细节。通过简化的方法，如明确问题、设定目标、选择合适的工具，可以快速地利用 AI 来解决实际问题。这种方法不仅降低了门槛，还能让更多人体验到 AI 的魅力和实用性。逐渐熟悉这些过程后，对技术的深入学习也会变得更加有意义。

通过"以解决问题为核心"的学习路径，可以更快地实现"玩起来"的目标，让 AI 技术服务于用户的需求，而不是被 AI 所束缚。

3.2　ChatGPT 初探

ChatGPT 是一种 AI 模型，能够理解并产生自然语言的回应，与用户进行对话。本节将介绍有效地与它进行互动，并了解其工作原理以及获得更好体验的方法。

1. ChatGPT的工作原理

为了更形象地理解 ChatGPT 的工作原理，在此借用查字典进行类比。小学生在查字典时，会根据问题去查找相关的词条，然后根据查到的信息来回答问题。ChatGPT 也是如此，它通过查找大量的文本数据，将各种文字和句子进行排列组合，并通过语法和其他规则，生成自然语言回答。同时，它也会根据之前的学习和经验，尽可能地给出最可能正确的答案。

2. 与ChatGPT的互动方式

提出问题：可以问任何用户感兴趣的问题，ChatGPT 会尽力给出合适的回答。

等待回复：ChatGPT 会立即开始思考并生成回答，只需耐心等待即可看到答案。

探索交流：与 ChatGPT 的互动不仅局限于问答，还可以与它进行更深入的交流，分享观点、故事，甚至闲聊。

3. 提高与ChatGPT的交流效果

清晰表达问题：尽量用清晰明了的语言提出问题，避免含糊不清或模棱两可的表达方式。

多样化话题：尝试涉及各种不同的话题，从科学、历史到文化、娱乐，各个方面都可以向 ChatGPT 提问，享受广泛的交流和学习体验。

4. ChatGPT的优势与局限性

ChatGPT 具有许多优势，如快速响应、丰富知识和自然交流，但也存在局限性，如信息准确性和对话能力限制。因此，在与 ChatGPT 互动时，需要充分了解其特点，并做好应对策略，以获得更好的交流体验。

通过与 ChatGPT 的互动，可以探索 AI 的魅力，并从中获得乐趣和启发。无论是解决问题还是进行闲聊，ChatGPT 都将是用户的智能伙伴，与用户分享知识、交流思想。

3.3　ChatGPT 的注册

在踏上探索 ChatGPT 之旅之前，先来探索注册所需的步骤和条件。下文是一份详细的注册流程，但请注意，自 2024 年 4 月 1 日起，ChatGPT 无须注册也可以在官网使用了。尽管如此，了解之前的注册流程也是有益的。

1．注册条件

一台可安装谷歌浏览器的计算机，并保持联网，确保网络通畅。

2．必要的注册流程

（1）获取谷歌浏览器。

（2）拥有谷歌、微软或苹果账号。

（3）注册 ChatGPT 账号。

3．注册详细步骤

1）下载并安装谷歌浏览器 Chrome

在网址处输入 https://www.google.cn/chrome，弹出"获取 Chrome（Windows 版）"页面，如图 3-1 所示，单击"接受并安装"按钮即可。

图 3-1

2）注册谷歌邮箱账户

（1）保持网络畅通，并能够正常访问 OpenAI 官方网站。

（2）访问网址 https://gmail.com，打开谷歌账号注册页面，输入姓名，单击"下一步"按钮。

（3）输入基本信息、出生日期和性别，单击"下一步"按钮。

（4）选择 Gmail 地址，可自行创建或由系统生成，邮箱地址支持字母、数字和英文句点，如图 3-2 所示，填写完成后单击"下一步"按钮。

图 3-2

（5）设置密码并确认，设置密码时可选择显示密码，以便检查，然后单击"下一步"按钮。

（6）输入手机验证码完成验证。

（7）填写账号信息登录并保持登录页面，如图 3-3 所示。

图 3-3

4. 注册ChatGPT账号

（1）打开网页 https://chat.openai.com/auth/login，并单击 Sign up 按钮，如图 3-4 所示。

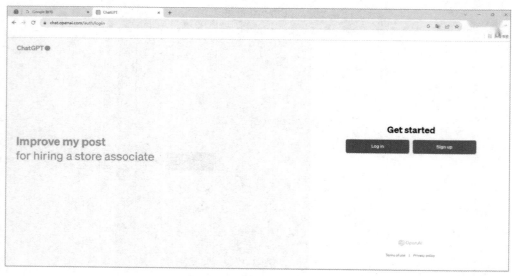

图 3-4

（2）选择或输入谷歌或微软账号，建议直接单击 continue with Google 按钮。

（3）输入个人信息，日期格式为"DD-MM-YY"，填写手机号以接受验证码。

（4）复制验证码，并将验证码填写到 ChatGPT 注册页面。

（5）完成注册，至此你已拥有自己的 ChatGPT 账号，如图 3-5 所示。

图 3-5

现在你可以尽情享受与 ChatGPT 的互动，探索其无限可能性。

3.4　提示词技巧精髓：指令公式

在 ChatGPT 的应用中，提示词的设计和运用至关重要。本节将带你深入了解提示词的原理、制订方法以及优化策略，讨论实用而丰富的知识。

3.4.1　探索 ChatGPT 提示词的原理

在开始制订提示词之前，有必要先了解 ChatGPT 模型是如何工作的。ChatGPT 模型是一种生成式的预训练模型，其核心在于通过大量文本数据的学习，使模型能够理解语言的语法结构、语义逻辑以及上下文信息。因此，设计提示词需要考虑模型对文本信息的理解和处理方式，以确保生成的文本具有逻辑性和连贯性。

3.4.2　如何制订有效的提示词

明确角色和技能：清晰地定义用户角色和拥有的技能，这有助于 ChatGPT 理解用户的专业领域和能力范围。

清晰任务背景和目标：描述清楚任务的背景和目标，包括想要解决的问题或达到的目标。

明确任务解决与否判定：让 ChatGPT 知道用户希望它解决问题还是提供信息，这样可以确保它给出的回答符合用户的期望。

定义输出格式/形式和输出量：指定用户希望接收答案的格式和形式，以及期望的输出量，这样可以让 ChatGPT 给出更符合用户需求的答案。

3.4.3　示例

现在计划设计一个关于提示词的课程，并向 ChatGPT 寻求建议。问题是"帮我设计一个提示词课件"。它给出的建议如图 3-6 所示。

ChatGPT 为设计该课件给出了建议，尽管这些建议似乎很全面且有逻辑，但在实际应用中似乎并不太适用。通常面对这种情况时，很多人会认为问题出在自己所提出的问题上，于是他们会转向搜索引擎，并输入如"如何用 ChatGPT 制作课件"或"如何用 ChatGPT 制订课程大纲"等关键词，然后复制搜索结果中的提示词，再发给 ChatGPT，然而，这种做法存在两个问题。

（1）得到的答案往往不尽如人意，因为目标跟搜索到的提示词不匹配。

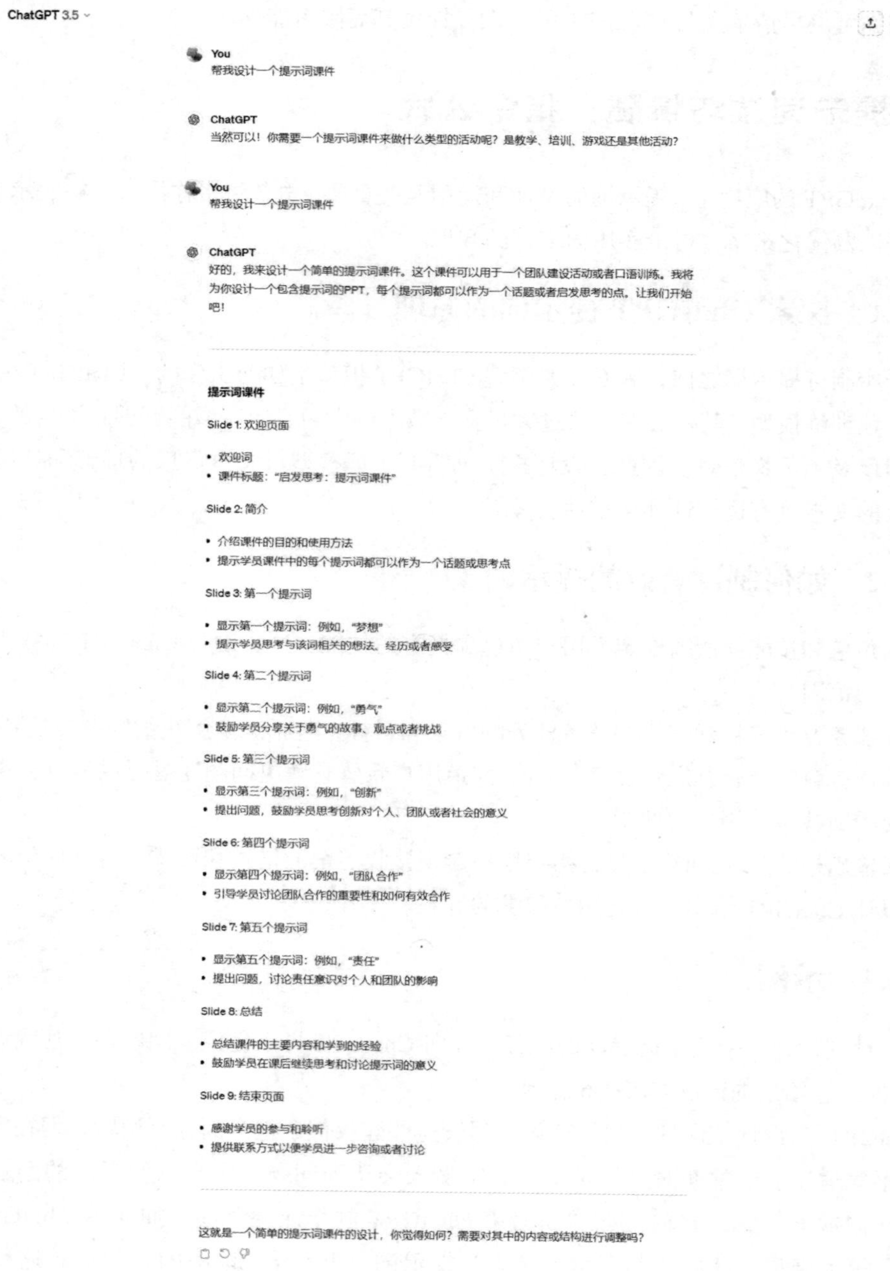

ChatGPT 3.5 ∨

You
帮我设计一个提示词课件

ChatGPT
当然可以！你需要一个提示词课件来做什么类型的活动呢？是教学、培训、游戏还是其他活动？

You
帮我设计一个提示词课件

ChatGPT
好的，我来设计一个简单的提示词课件。这个课件可以用于一个团队建设活动或者口语训练。我将为你设计一个包含提示词的PPT，每个提示词都可以作为一个话题或者启发思考的点。让我们开始吧！

提示词课件

Slide 1: 欢迎页面

- 欢迎词
- 课件标题："启发思考：提示词课件"

Slide 2: 简介

- 介绍课件的目的和使用方法
- 提示学员课件中的每个提示词都可以作为一个话题或思考点

Slide 3: 第一个提示词

- 显示第一个提示词：例如，"梦想"
- 提示学员思考与该词相关的想法、经历或者感受

Slide 4: 第二个提示词

- 显示第二个提示词：例如，"勇气"
- 鼓励学员分享关于勇气的故事、观点或者挑战

Slide 5: 第三个提示词

- 显示第三个提示词：例如，"创新"
- 提出问题，鼓励学员思考创新对个人、团队或者社会的意义

Slide 6: 第四个提示词

- 显示第四个提示词：例如，"团队合作"
- 引导学员讨论团队合作的重要性和如何有效合作

Slide 7: 第五个提示词

- 显示第五个提示词：例如，"责任"
- 提出问题，讨论责任意识对个人和团队的影响

Slide 8: 总结

- 总结课件的主要内容和学到的经验
- 鼓励学员在课后继续思考和讨论提示词的意义

Slide 9: 结束页面

- 感谢学员的参与和聆听
- 提供联系方式以便学员进一步咨询或者讨论

这就是一个简单的提示词课件的设计，你觉得如何？需要对其中的内容或结构进行调整吗？

图 3-6[①]

---

① 以上为 ChatGPT 自动生成的内容，未作修改。后面自动生成的内容，均未作修改。

（2）找不到合适的提示词，甚至是找不到提示词，相当于知道了 1+1=2 却不知道加法，下一次遇到 3+5 就不会做了。

解决方案是与 ChatGPT 进行与真人沟通没有区别的有效沟通，因为和 AI 沟通的逻辑基本符合生活中的思维逻辑，举例如下。

（1）你肯定不会问体育老师微积分，肯定得找熟悉这个领域的人。

（2）你确定这个人有解决这个问题的能力。

（3）你得清楚地描述在什么情况下遇到了什么问题。

（4）你需要明确表达目标是什么，你希望最终解决的结果是什么样的。

下面使用一个万能公式与 ChatGPT 进行沟通。指令万能公式=角色+角色技能+任务背景+任务目标+任务解决与否判定+输出格式/形式+输出量。

因此，应该这样问 ChatGPT。

现在我想写一篇关于 ChatGPT 提示词的课程，根据下列公式，给我举一个 prompt 的例子：指令万能公式=角色+角色技能+任务背景+任务目标+任务解决与否判定+输出格式/形式+输出量

ChatGPT 的回答如图 3-7 所示。

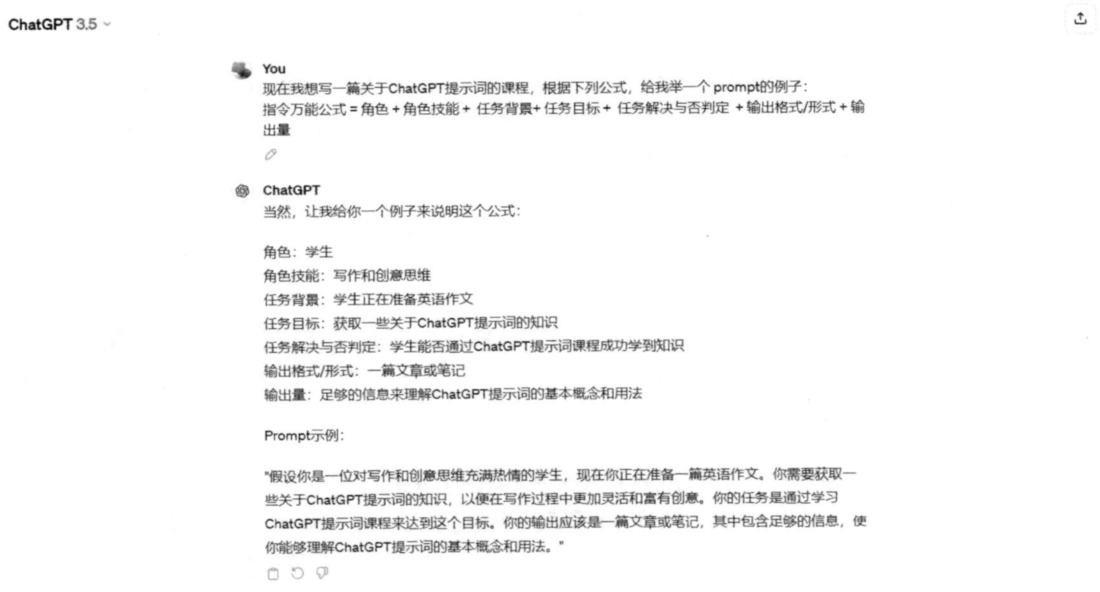

图 3-7

接下来，将这段文字再次输入到提示框中（为什么不直接告诉它"使用上面的提示词生成

内容"呢？因为 ChatGPT 的记忆力有限，它可能会忘记），生成结果如图 3-8 所示。

You
假设你是一位对写作和创意思维充满热情的学生，现在你正在准备一篇英语作文。你需要获取一些关于ChatGPT提示词的知识，以便在写作过程中更加灵活和富有创意。你的任务是通过学习ChatGPT提示词课程来达到这个目标。你的输出应该是一篇文章或笔记，其中包含足够的信息，使你能够理解ChatGPT提示词的基本概念和用法。

ChatGPT
作文标题：《提升写作创意：探索ChatGPT提示词的奥秘》

在当今信息爆炸的时代，写作已经成为我们生活中不可或缺的一部分。无论是学术论文、商业文案还是日常交流，我们都需要有效地表达自己的想法。然而，有时候我们可能会陷入写作的瓶颈，思维不够灵活，创意不够丰富。幸运的是，随着人工智能技术的发展，我们可以借助工具来提升写作的效率和质量。在这篇文章中，我将介绍如何通过学习ChatGPT提示词课程来增强写作的创意性。

ChatGPT提示词是一种由人工智能模型生成的词语或短语，旨在激发写作灵感和提供创意支持。作为一位热爱写作和创意思维的学生，我深深地被ChatGPT提示词所吸引。在我准备英语作文的过程中，我意识到了它们的潜力，可以帮助我突破思维的局限，开拓写作的视野。

通过学习ChatGPT提示词课程，我了解到了许多有关如何有效地利用这些提示词的技巧和策略。首先，我学会了如何根据不同的写作任务选择合适的提示词。例如，在叙事性作文中，我可以使用描述性的提示词来丰富文章的细节和情感色彩；在说明性作文中，我可以使用解释性的提示词来清晰地阐述观点和论据。其次，我学会了如何灵活运用提示词，以创造性的方式组织文章结构和表达思想。通过将多个提示词进行组合和变换，我可以设计出独具特色的写作风格，吸引读者的注意力并留下深刻的印象。

除了提供创意支持外，ChatGPT提示词还可以帮助我解决写作中的一些难题。有时候，我可能会遇到词穷的情况，无法找到合适的词语来表达自己的想法。而通过使用提示词生成的方式，我可以快速地获得大量的写作素材，克服写作的困难，提高文章的质量和效率。

综上所述，学习ChatGPT提示词课程对于提升写作创意具有重要的意义。通过掌握其基本概念和用法，我们可以更加灵活地运用提示词来丰富文章的内容和表达方式，提高写作的质量和效率。因此，我强烈推荐所有对写作和创意思维感兴趣的学生加入这门课程，探索ChatGPT提示词的奥秘，开启写作之旅的新篇章。

图 3-8

内容已经正确，但使用 Markdown（Markdown 是一种轻量级的标记语言，可用于在纯文本文档中添加格式化元素。可以简单理解为能加粗、控制字体大小的文本文档）来编写课件，这次不再调整格式，于是请 ChatGPT 根据要求生成内容。设计提示词如下。

以 Markdown 源码格式输出，方便我复制。

生成结果如图 3-9 所示。

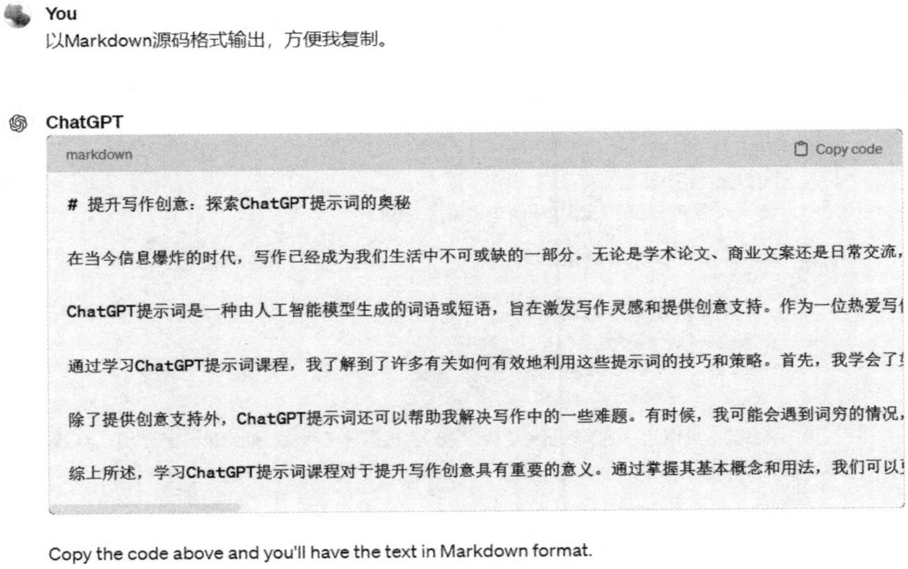

You
以Markdown源码格式输出，方便我复制。

ChatGPT

markdown   📋 Copy code

提升写作创意：探索ChatGPT提示词的奥秘

在当今信息爆炸的时代，写作已经成为我们生活中不可或缺的一部分。无论是学术论文、商业文案还是日常交流，

ChatGPT提示词是一种由人工智能模型生成的词语或短语，旨在激发写作灵感和提供创意支持。作为一位热爱作

通过学习**ChatGPT**提示词课程，我了解到了许多有关如何有效地利用这些提示词的技巧和策略。首先，我学会了生

除了提供创意支持外，**ChatGPT**提示词还可以帮助我解决写作中的一些难题。有时候，我可能会遇到词穷的情况，

综上所述，学习**ChatGPT**提示词课程对于提升写作创意具有重要的意义。通过掌握其基本概念和用法，我们可以

Copy the code above and you'll have the text in Markdown format.

图 3-9

回答得很好，但并不一定按照上述 Markdown 文档授课。因为 ChatGPT 的讲述方式太过枯燥和迂腐。另外，课程设计不是为了填充内容或者凑字数，而是为了解决问题。如果一个问题可以用两句话解决，无须为此单独开设一个章节。但是，如果客户需要一份详细、充实、高水平的文章，那么上述大纲的价值就能够体现出来。

ChatGPT 提示词的设计与应用是 AI 领域中的一个重要课题，通过深入了解其原理与技术，我们可以更好地利用 ChatGPT 进行文本生成，并在各个领域中发挥其巨大的潜力。

3.5　初步交互：与 ChatGPT 的沟通体验

AI 的崛起给人们的工作和生活带来了很多的便利。从智能助手到自动驾驶，从自然语言处理到机器视觉，AI 技术日益渗透到人们的日常工作和生活中，极大提升了效率和便利性。

然而，AI 的普及并非一帆风顺。正如在上文的例子中，尽管 AI 模型可以在许多方面取得令人瞩目的成就，但它们仍然存在着不足之处。在处理某些复杂或专业领域的问题时，普通的 AI 模型可能会出现错误理解的情况，文本生成式 AI 则表现为胡说八道。

就像在与朋友交流孙子兵法心得时所遇到的那样，即使 AI 模型拥有大量的数据和知识，它们也不是万能的。在某些情况下，仍然需要人类的智慧和经验来纠正 AI 的错误。

以下是编者朋友的问题，如图 3-10 所示。

(^o^)/：忠彬，你是不是之前朋友圈发过孙子兵法阅读感悟?

——我：哈哈
——我：你的记性也太好了吧

(^o^)/：和我分享分享吧
(^o^)/：我们老板特别喜欢孙子兵法
(^o^)/：我们每个季度的复盘都要找一两句说说个人理解

——我：我这哪有时间，再说兴趣也没到那

——我： 《孙子兵法》13篇梗概批注
第一篇《始计篇》从道、天、地、将、法五个层面分析创业公司是否该创业、创业的生…

——我：结合企业管理的，哈哈哈回头让我给你们老板讲孙子兵法，他如果不懂数术的话很难看懂
——我：够你用了

(^o^)/：他好想要原句+理解
(^o^)/：我感觉从网上找的有点生硬

——我：我这两天 看看有空给你写点
——我：需要多少字?

(^o^)/：明天就用，不用太多

图 3-10

当然也可以直接向 ChatGPT 提出这样的问题，让它设计提示词。

向 ChatGPT 提问"从孙子兵法中找两句原文，说说你的心得体会"，结果如图 3-11 所示。

若是为了应付任务，这样的情况看起来相当令人满意，以前要先搜索相关资料、对比原文、进行总结，至少需要花费 10 min 的时间。但现在只需输入"从孙子兵法中找两句原文，说说你的心得体会"这 20 个字，然后复制粘贴并保存到文件，按 30 s 计算，相当于 10 min 的工作量只需要 30 s 就能完成，效率几乎提升 20 倍。这清晰地体现了 AI 对工作效率的显著提升及其广泛的应用前景。这种技术的优势在于极大地提升了人们的工作效率和生活品质，促进了知识的快速传播和交流。

孙子兵法是中国古代最重要的军事理论著作之一，也被世界广泛认为是军事战略的经典之作。它的含义深远，不仅适用于军事，也适用于商业、政治和个人生活等各种情况。

以下是孙子兵法中的两句原文：

1. "兵者，国之大事，死生之地，存亡之道，不可不察也。"这句话意味着，军事是国家生存和发展的重要因素，关乎生死存亡，必须慎重对待。在现代社会，我们可以将这一原则应用于任何关键决策中。每个重大决策都需要认真的思考和审慎的判断，因为它们可能对个人或组织的未来产生深远影响。
2. "知彼知己，百战不殆；不知彼而知己，一胜一负；不知彼，不知己，每战必殆。"这句话强调了了解自己和敌人的重要性。只有深入理解自己的优点和缺点，同时也理解对手的实力和策略，才能在任何挑战中取得胜利。在商业环境中，这意味着要了解自己的能力，识别公司的优势和弱点，同时也要关注竞争对手和市场动态。只有这样，才能制定出有效的策略，并在竞争中保持优势。

这些原则不仅在战争中有用，而且在日常生活、商业决策和个人发展中也同样重要。这就是孙子兵法作为一部经典著作，被世界各地的人们广泛阅读和引用的原因。

图 3-11

然而这还不够完美。因为老板更感兴趣的可能是与企业相关的话题，所以继续与它对话："再换两句，另外结合企业管理去谈。"

生成结果如图 3-12 所示。

再换两句，另外 结合企业管理去谈。

好的，接下来，我将选择两句孙子兵法的经典语录，并结合企业管理进行解读。

1. "故用兵之法，驰车千驷，革车百乘，毕竟一人而已。"这句话讲述的是集中力量打击敌人的要害，突破一点，以求全局的胜利。在企业管理中，这可以理解为资源集中，优先发展最有潜力或者最关键的业务。例如，公司可以把最好的人力和物力资源集中在最有市场前景，或者最能带动其他业务发展的项目上，以求取得整体的成功。
2. "善用兵者，役不再籍，粮不三载，取用于国，因粮于敌，故军食可足也。"这句话提倡有效利用资源，减少无谓的浪费。在企业管理中，资源的有效管理是非常关键的一点，如何让有限的资源发挥出最大的效益，是每一个管理者需要深思的问题。有效的资源配置，合理的成本控制，以及创新的盈利模式，都可以帮助企业在竞争激烈的市场中保持优势。

总的来说，孙子兵法中的智慧可以广泛应用于现代企业管理中，无论是战略决策、资源管理，还是团队建设，都有其深远的启示。

图 3-12

另外，为了确保问题能得到更充分的探讨，接下来分享一些其他的想法。于是继续与它对话，输入提示词如下。

帮我把孙子兵法的虚实篇提供出来。

生成结果如图 3-13 所示。

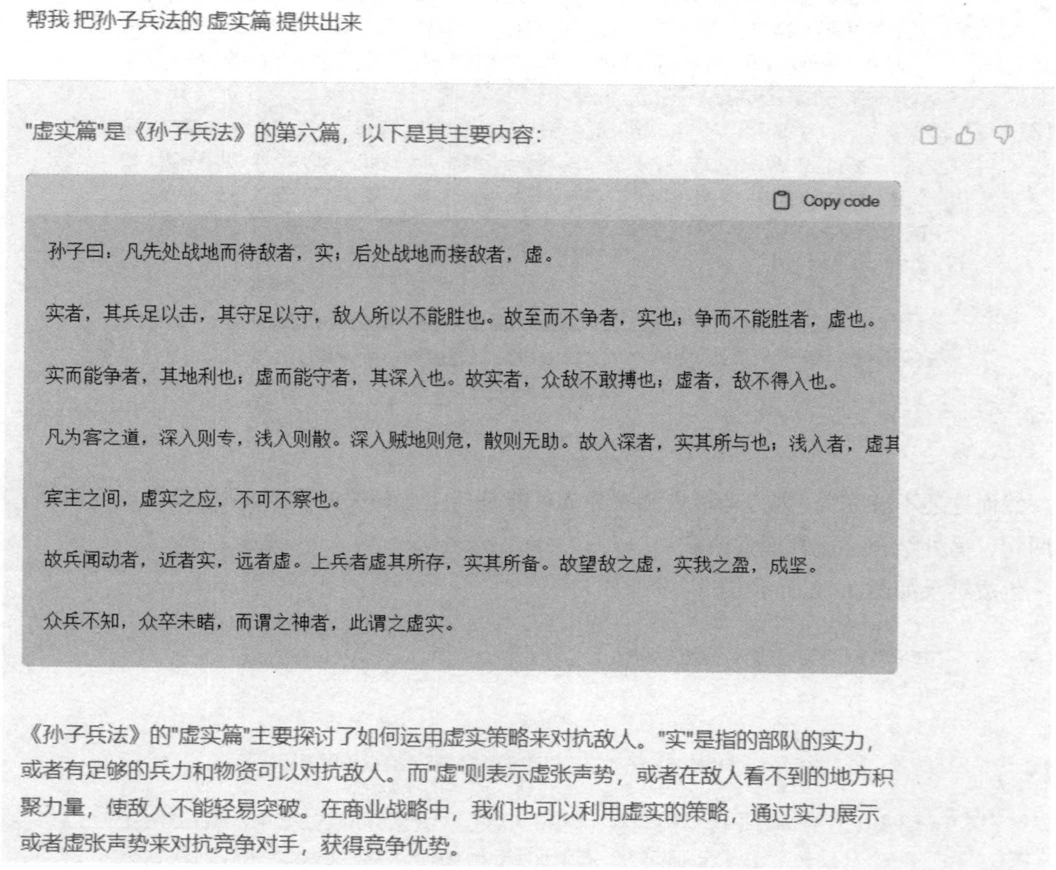

帮我 把孙子兵法的 虚实篇 提供出来

"虚实篇"是《孙子兵法》的第六篇，以下是其主要内容：

```
孙子曰：凡先处战地而待敌者，实；后处战地而接敌者，虚。

实者，其兵足以击，其守足以守，敌人所以不能胜也。故至而不争者，实也；争而不能胜者，虚也。

实而能争者，其地利也；虚而能守者，其深入也。故实者，众敌不敢搏也；虚者，敌不得入也。

凡为客之道，深入则专，浅入则散。深入贼地则危，散则无助。故入深者，实其所与也；浅入者，虚其

宾主之间，虚实之应，不可不察也。

故兵闻动者，近者实，远者虚。上兵者虚其所存，实其所备。故望敌之虚，实我之盈，成坚。

众兵不知，众卒未睹，而谓之神者，此谓之虚实。
```

《孙子兵法》的"虚实篇"主要探讨了如何运用虚实策略来对抗敌人。"实"是指的部队的实力，或者有足够的兵力和物资可以对抗敌人。而"虚"则表示虚张声势，或者在敌人看不到的地方积聚力量，使敌人不能轻易突破。在商业战略中，我们也可以利用虚实的策略，通过实力展示或者虚张声势来对抗竞争对手，获得竞争优势。

图 3-13

经过阅读发现 ChatGPT 所依据的可能是《孙子兵法》的非官方版本。因此需要查阅原著。对照之后，可以发现 ChatGPT 的表述确实存在误差，因此，需要向它指出错误，并提供原文，要求其进行修正。修正后的结果如图 3-14 所示。

本例提出了两个关键点：其一，即便是先进的 AI 模型，也可能面临信息不完备的问题；其二，在无法访问特定资料的情况下，模型可能提供不准确或不完整的回答。

因此，在使用 AI 技术时，应持续保持审慎的态度和批判性思维，不应盲目依赖模型提供的所有答案，而应结合自身的知识与经验进行独立判断。

感谢您提供的《孙子兵法》的"虚实篇"的全文。这篇文章中孙子详细阐述了军事行动中"虚"和"实"的运用，这些原则可以被广泛地应用到现代商业、政策和战略决策中。

例如，"攻而必取者，攻其所不守也；守而必固者，守其所不攻也"这句话可以被理解为对竞争对手的弱点进行攻击，以及针对自身的弱点进行防御。在商业中，企业可以通过分析竞争对手的劣势，来确定自己的优势和策略。

另外，这句话，"故我欲战，敌虽高垒深沟，不得不与我战者，攻其所必救也；我不欲战，虽画地而守之，敌不得与我战者，乖其所之也"可以被理解为，如果我们想要与对手竞争，即使对手有很大的优势，我们也可以通过找出他们必须防守的地方进行攻击；如果我们不想与对手竞争，我们可以通过避开他们的攻击，使他们无法与我们战斗。

总的来说，这篇文章中的原则和策略仍然具有很高的实用价值，可以被广泛地应用在现代的各种场合中。

图 3-14

面对 ChatGPT 缺失的信息，可以提供额外的数据，类似于向字典中新增词条。然而，若需撰写关于《素书》的读后感，不可能将整本书逐页复制粘贴至模型。这便凸显了模型微调或数据训练在精细化应用中的重要性。

3.6 ChatGPT 的自我学习：模型的微调之路

ChatGPT 作为一款领先的自然语言处理模型，在人机交互领域展现出了非凡的潜力。然而由于模型并非完全涵盖所有可能的信息，因此偶尔出现不准确或混乱的回答。这时，微调模型就成了解决问题的关键。以写《素书》的读后感为例，在探索《素书》的过程中，不仅能够深入了解中国古代文化的精髓，还能够借此机会进一步拓展 ChatGPT 的认知边界，使其具备更广泛的语言理解和表达能力。

通过微调，可以针对特定领域或任务提供更丰富、更准确的数据，从而使模型更加专业化和智能化。与其手动逐一提供信息，不如批量地向模型注入所需知识，就像向图书馆中添加新书一样。这种方式能够极大地提高 ChatGPT 的准确性和可靠性，使其更好地服务于各个领域和行业。

为了验证《素书》是否已存在于字典中，可以直接请求模型提供《素书》中某一篇的原文。通过这种方式，不仅能判断该文章是否已被模型所收录，还能观察其准确性和完整性。图 3-15 所示为模型提供的《素书》原文内容。

提供一下《素书》第三章《求人之志》原文

对不起，我可能没有理解您的问题。《素书》可能是您特定的参考文本或是其他上下文相关的书籍，但到目前为止（截至2021年9月），在公共资料库中并没有这样一本叫做《素书》的书。此外，即使是特定的书籍，由于版权等问题，我也不能直接提供原文。可以请您提供更多的信息，或者有关《素书》的其他问题我可以帮助您解答吗？

那请提供原文中的 某段节选

我明白你可能想寻找一本特定的书的某个部分，但是很抱歉，到我最后更新的知识库（2021年9月）为止，我并没有找到称为《素书》的书籍。因此，我无法为你提供这本书的任何部分的原文。

再次，我想提醒你，作为一个 AI，我必须遵守版权法，所以即使我能找到你提到的这本书，我也不能提供完整的原文。我可以帮助解释，分析，或者提供关于该文本的背景信息，但是我不能完全复制原始材料。对于获取原文的需求，你可能需要购买或借阅这本书。

如果你有关于这本书或者其他话题的任何其他问题，我会很高兴为你解答。

帮我引用 第三章《求人之志》中的 三句话，我要写读后感用。

很抱歉，截至我最后一次更新（2021年9月），我并没有《素书》这本书的具体信息。因此，我无法为你提供该书第三章《求人之志》的任何引文。我建议你直接从你的副本中引用你想要讨论的部分。

虽然我不能提供你想要的引文，但我可以提供一些关于如何写读后感的建议。写读后感时，你可以考虑以下几点：

1. 概述：对你读的章节或者整本书进行总结，解释主题和主要观点。
2. 反思：写下你对书中某个观点或者章节的感想。这本书对你有什么启发？你对作者的观点有什么看法？
3. 个人联系：书中有没有什么情节或者观点与你的经历或者观念产生了共鸣？这本书是否改变了你对某个问题的看法？
4. 批评和评价：你对书中的内容有什么批评？你认为作者的观点是否有道理？作者的论证是否充分？

希望这些提示对你有所帮助！如果你对其他话题有问题，欢迎随时提问。

图 3-15

在确认模型未收录《素书》后，接下来的步骤是为模型采购这本书，如图 3-16 所示。

1. 将训练数据输入电子表格，例如 Microsoft Excel
   每一行都要包含一个提示(prompt)和一个答案(completion)<u>显示本人准备的</u>

   看完数据不要伤心，AI 会训练成你满意的效果，否则的话，不成了数据库查询了吗？

2. 把训练数据从 Excel 里直接复制粘贴过来：

   数据越多效果越好，最少需要几百行，每增加一行，效果就会呈线性质量增加。

3. 展示一下要训练的数据：

#	Prompt	Response
1	素书原文内容是什么？	素者，符先天之脉，合玄元之体，在人则为心，在事则为机，冥而无象，微而难窥，秘密而不可测，笔之于书，天地之秘泄矣。谷城山人黄石公授韩人张子房受宋人张商英参原始章天道、德、仁、义、礼，五者一体也。道者，人之所蹈，使万物不知其所由。德者，人之所得，使万物各得其所欲。仁者，人之所亲，有慈惠恻隐之心，以遂其生成。义者，人之所宜，赏善罚恶，以立功立事。礼者，人之所履，夙兴夜寐，以成人伦之序。夫欲为人之本，不可无一焉。贤人君子，明于盛衰之道，通乎成败之数；审乎治乱之势，达乎去就之理。故潜居抱道，以待其时。若时至而行，则能极人臣之位；得机而动，则能成绝代之功。如其不遇，没身而已。是以其道足高，而名重于后代。此章揭道之体，析道之用。为贤人君子者不可离道，亦不可轻试，特以处穷处达之法言之，见时不可违，机不可失，不然，以道殉人，名亦何重之有。正道章德足以怀远，信足以一异，义足以得众。才足以鉴古，明足以照下，此人之俊也。行足以为仪表，智足以决嫌疑，信可以使守约，廉可以使分财，此人之豪也。守职而不废，处义而不回。见嫌而不苟免，见利而不苟得，此人之杰也。此章豪俊杰三者，总于道中，炼到出人头地处，或谓杰胜豪，豪胜俊，便属支离，并非立言本旨。求人之志章绝嗜禁欲，所以除累。抑非损恶，所以攘过。贬酒阙色，所以无污。避嫌远疑，所以不误。博学切问，所以广知。高行微言，所以修身。恭俭谦约，所以自守；深计远虑，所以不穷。亲仁友直，所以扶颠。近如笃行，所以接人。任材使能，所以济务。殚恶斥谗，所以止乱。推古验…

4. 为自己的模型起一个别致的名字：买本素书

5. 选择基础模型：Davinci - highest quality（估计费用$0.01查看余额）

6. 点击 更改训练数据 或者 开始训练

图 3-16

许多人会询问如何对 ChatGPT 进行数据训练。以下解释有助于读者明白其过程。当你在书店购买一本书以供 ChatGPT 使用时，你是否会考虑这本书的排版和印刷方式？事实上，你只需确保能够购得此书即可，不必为撰写一篇读后感而深入研究图书的排版和印刷过程，关键是掌握使用方法。

训练完成后，将指导 ChatGPT 撰写一篇读后感，如图 3-17 所示。

帮我写一篇《素书》的读后感

标题：《素书》：揭示深邃人生的古籍智慧

《素书》是一本独特且深邃的古籍，它以丰富的哲理和独到的观察，向读者揭示了人生、自然和宇宙的深刻洞察。在阅读这部作品的过程中，我深深地被作者对于道德、德行、仁爱、义务和礼仪的理解和诠释所吸引，这些理念构成了我们人类社会的基石，也指引我们在复杂世界中探索人生之路。

在《素书》中，作者把道描述为"人之所蹈，使万物不知其所由"，道被认为是引导我们行事的基本原则，是生活的航标，帮助我们避开困难和挑战，引领我们走向正确的方向。这个观念让我深思，令我更加重视我生活中的每一个决策和行为，以便更好地符合道的要求。

另一句我深感触动的是"若时至而行，则能极人臣之位；得机而动，则能成绝代之功"。这段话强调了适时行动的重要性，只有掌握了正确的时机，我们才能达到人生的高峰，完成伟大的事业。这给了我巨大的启示，使我明白，不仅要有远大的目标，更要有正确的行动和把握机遇的能力。

《素书》中的德行、仁爱、义务和礼仪的理念也给我留下了深刻的印象。这些理念教导我们要善待他人，公正地对待事物，始终以道德为引导，尊重和遵守社会的规则和习俗。这些都是我在日常生活中需要不断提醒自己的。

总的来说，阅读《素书》是一次深刻的人生体验，它让我对生活有了更深的理解，也让我对人生的价值和目标有了更清晰的认识。我会将《素书》中的教诲铭记在心，以此来指导我的行为和决策，我也希望更多的人能读到这本书，从中受益。

图 3-17

检查原文之后，验证了信息的确是真实的并符合原著，如图 3-18 所示。

确实，ChatGPT 的运用很灵活：对于已知的信息，它可以直接回答用户的问题；对于它不知道的内容，可以通过提供书籍等资源来扩展它的知识库。一些人可能会问为什么要费时训练 ChatGPT 而不是简单地复制粘贴到聊天记录中。如果仅需要复制一小段文字，使用便利贴粘贴在字典中可能是一种简便的解决方案。然而，如果要处理大量的文本，如《二十四史》，这种方法显然是不切实际的。在这种情况下，直接购买《二十四史》并让 ChatGPT 阅读，不需要担心其印刷或排版方式，也不用担心 ChatGPT 如何阅读这些书籍。这种方法既高效又实用。

原始章

夫道、德、仁、义、礼，五者一体也。道者，人之所蹈，使万物不知其所由。德者，人之所得，使万物各得其所欲。仁者，人之所亲，有慈惠恻隐之心，以遂其生成。义者，人之所宜，赏善罚恶，以立功立事。礼者，人之所履，夙兴夜寐，以成人伦之序。夫欲为人之本，不可无一焉。贤人君子，明于盛衰之道，通乎成败之数；审乎治乱之势，达乎去就之理。故潜居抱道，以待其时。若时至而行，则能极人臣之位；得机而动，则能成绝代之功。如其不遇，没身而已。是以其道足高，而名重于后代。

此章揭道之体，析道之用，为贤人君子者不可离道，亦不可轻视，特以处穷处达之法言之，见时不可违，机不可失，不然，以道殉人，名亦何重之有。

正道章

德足以怀远。信足以一异，义足以得众。才足以鉴古，明足以照下，此人之俊也。行足以为仪表，智足以决嫌疑，信可以使守约，廉可以使分财，此人之豪也。守职而不废，处义而不回。见嫌而不苟免。见利而不苟得，此人之杰也。

图 3-18

在本节了解了通过微调模型来提升 ChatGPT 的准确性和可靠性的重要性。以《素书》的读后感为例，展示了如何通过为模型提供特定领域的数据来增强 ChatGPT 专业化和智能化。

但是这里有两个问题：一是读后感写得并不好，没有举例，表达也太过直白、机械化；二是字数不足。

在下一节中，将着重探讨如何解决上述问题，并进一步优化 ChatGPT 生成的读后感。也会探讨如何通过增加文本长度来充分展开话题，使读后感更加完整和深入。

3.7　写作助手：ChatGPT 的角色扮演与读后感

本节将深入研究一个实用的主题：通过 AI 写手的视角重塑文学创作。故事从一个有趣的实验开始：赋予 ChatGPT 任务，让它按用户设定的框架和风格完成对《素书》的读后感分析。

确实，ChatGPT 的处理逻辑与人类可能有所不同，但关键是要向其清晰地传达用户的意图和计划。一旦 ChatGPT 理解了用户的需求，它就能按照指定的思路行动。

为了让 ChatGPT 能够按照用户的方式工作，用户自身的思路必须非常清晰。接下来，可以通过一个实例来演示人工撰写一篇读后感的思考过程。

（1）查找资料与确定立意：首先，需要对相关文献进行深入研究，从中提炼出中心主题或立意，这将是整篇文章的核心。

（2）制订吸引人的标题：标题是读者首先接触的部分，需要具有吸引力，能够概括文章主题并引发读者的兴趣。

（3）构建文章框架：规划文章的基本结构，包括引言、正文（分论点阐述）和结论。在撰写过程中适当引用权威资料或经典文献，增强文章的说服力和深度。

（4）满足字数要求：确保文章长度符合要求，内容充实，覆盖所有关键点。

对于 ChatGPT 而言，虽然它的写作速度极快，能够以人类的数倍速度完成，但它执行这些步骤的基本逻辑与人类相似。现在，按照这一流程来指导 ChatGPT 进行操作。

第一步：查找资料与确定立意，可输入如下内容。

假如你是一个历史学家和管理学专家，根据《素书》写一篇读后感，帮我想 10 个标题。

生成结果如图 3-19 所示。

You

假如你是一个历史学家和管理学专家，根据《素书》写一篇读后感，帮我想10个标题。

ChatGPT

当然，我可以帮你思考一些标题。考虑到你的读后感是基于《素书》这本书，这些标题可能会涉及到历史、管理学以及这两者的交叉点。以下是一些可能的标题：

1. 《素书》中的智慧：历史与管理的交汇点
2. 管理学视角下的《素书》：古代智慧的现代应用
3. 战国智慧：《素书》中的领导与管理原则
4. 历史解读下的管理学范本：《素书》中的经典教诲
5. 古代智者的智慧传承：从《素书》看管理学的源头
6. 《素书》中的策略与管理：战国时代的领导艺术
7. 领导者的智慧之书：管理学视角下的《素书》解读
8. 战国策略的管理学解读：《素书》中的领导原则
9. 传统智慧与现代管理：《素书》中的管理学启示录
10. 领导者的必读之书：从《素书》中汲取管理智慧

这些标题可以根据你的读后感和主题进行调整，希望能给你一些启发！

图 3-19

第二步：制订吸引人的标题，可输入如下内容。

"传统智慧与现代管理：《素书》中的管理学启示录"这个题目不错，以"传统智慧与现代管理：《素书》中的管理学启示录"为题，生成读后感大纲。

生成结果如图 3-20 所示。

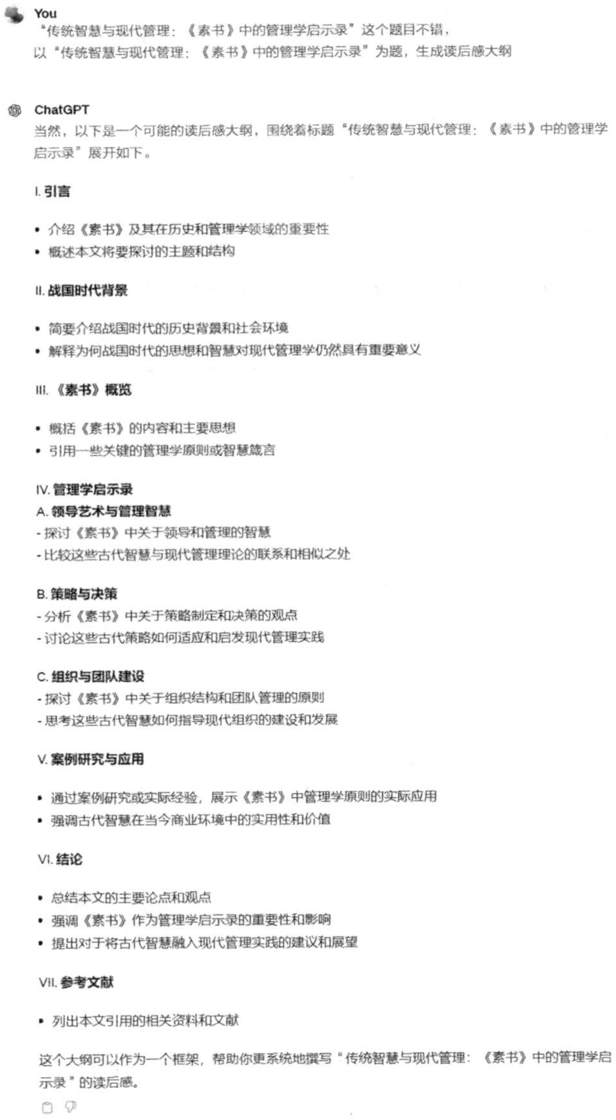

You

"传统智慧与现代管理：《素书》中的管理学启示录"这个题目不错，
以"传统智慧与现代管理：《素书》中的管理学启示录"为题，生成读后感大纲

ChatGPT

当然，以下是一个可能的读后感大纲，围绕着标题"传统智慧与现代管理：《素书》中的管理学
启示录"展开如下。

I. 引言

- 介绍《素书》及其在历史和管理学领域的重要性
- 概述本文将要探讨的主题和结构

II. 战国时代背景

- 简要介绍战国时代的历史背景和社会环境
- 解释为何战国时代的思想和智慧对现代管理学仍然具有重要意义

III.《素书》概览

- 概括《素书》的内容和主要思想
- 引用一些关键的管理学原则或智慧箴言

IV. 管理学启示录
A. 领导艺术与管理智慧
- 探讨《素书》中关于领导和管理的智慧
- 比较这些古代智慧与现代管理理论的联系和相似之处

B. 策略与决策
- 分析《素书》中关于策略制定和决策的观点
- 讨论这些古代策略如何适应和启发现代管理实践

C. 组织与团队建设
- 探讨《素书》中关于组织结构和团队管理的原则
- 思考这些古代智慧如何指导现代组织的建设和发展

V. 案例研究与应用

- 通过案例研究或实际经验，展示《素书》中管理学原则的实际应用
- 强调古代智慧在当今商业环境中的实用性和价值

VI. 结论

- 总结本文的主要论点和观点
- 强调《素书》作为管理学启示录的重要性和影响
- 提出对于将古代智慧融入现代管理实践的建议和展望

VII. 参考文献

- 列出本文引用的相关资料和文献

这个大纲可以作为一个框架，帮助你更系统地撰写"传统智慧与现代管理：《素书》中的管理学启
示录"的读后感。

图 3-20

第三步：构建文章框架，可输入如下内容。

根据文章大纲，生成一篇 1500 字的文章。要求：一定要举中国互联网公司的例子，还有孔
子的名言。

生成结果如图 3-21 所示。

虽然对于一般情况而言，ChatGPT 提供基本的撰写步骤可能已经足够了，但实际上，这样

的内容并不完全符合出版或使用的要求。首先，文章可能因字数不足而显得内容贫乏；其次，文章的表现形式可能过于单调，无法引起读者的深入兴趣。虽然有人提出使用"俄罗斯套娃"式的扩展写作方法，但这种方式可能导致文章各部分之间的逻辑关系出现问题，不推荐采用。

You

根据文章大纲，生成一篇1500字的文章。要求：一定要举中国互联网公司的例子，还有孔子的名言。

ChatGPT

传统智慧与现代管理：《素书》中的管理学启示录

引言

中国历史上留下了许多充满智慧的经典著作，其中包括了《素书》。这部书籍记录了战国时期各个学派的思想和智慧，其中的管理学原则至今仍然具有深远的意义。本文将探讨《素书》中所蕴含的传统智慧对现代管理的启示，结合中国互联网公司的实际案例，展示古代智慧如何在当今商业环境中发挥作用。

战国时代背景

战国时代是中国历史上政治动荡的时期，各国争霸，思想交锋，学派纷争。在这个充满变革和挑战的时期，诸子百家思想迸发出了许多智慧的火花，其中《素书》记录了其中一部分。

《素书》概览

《素书》是一部内容丰富的古代文献，其中包含了许多关于领导、管理和决策的智慧。其中一句由孔子提出的名言是："己所不欲，勿施于人"，这体现了一种以仁爱为本的领导理念，也反映了管理学中的道德原则。

管理学启示录

领导艺术与管理智慧

古代智慧中的领导艺术与现代管理学的原则有着惊人的相似之处。以中国互联网公司腾讯为例，公司创始人马化腾一直强调以用户为中心，倡导"以用户为本、以社会为责任"的经营理念，这与孔子的"仁爱"理念不谋而合。

策略与决策

《素书》中的策略制定和决策原则同样适用于现代商业环境。阿里巴巴创始人马云曾说过："要想致富，先修路"，这反映了孙子兵法中"先胜而后求战"的策略原则，强调在决策之前的准备和规划的重要性。

组织与团队建设

古代智慧中的组织建设原则也对现代管理实践具有启示作用。京东创始人刘强东强调"以人为本"的企业文化，倡导尊重和信任员工，这与《素书》中强调团队合作和互信的观念相呼应。

案例研究与应用

以华为公司为例，华为一直强调"价值观驱动"，秉承"敬业、守法、诚信、共赢"的价值观，这与《素书》中所强调的道德、诚信等价值观不谋而合。华为在全球范围内建立了良好的合作伙伴关系，实现了良性循环的发展。

结论

《素书》中所蕴含的传统智慧对现代管理提供了重要的启示。通过中国互联网公司的实际案例，我们看到古代智慧如何在当今商业环境中得到应用，并且取得了显著的成效。在未来的管理实践中，我们可以继续借鉴古代智慧，不断探索创新的管理模式，实现企业的可持续发展。

图 3-21

第四步：更详细地指导 ChatGPT 怎么做，可输入如下内容。

你生成的文章非常棒，在上述文章基础上，将原文扩写，比如详细说一下阿里巴巴和腾讯如何引用《素书》指挥的。另外在文中再多引用 5 句《素书》中的原话。开始写吧。

生成结果如图 3-22 所示。

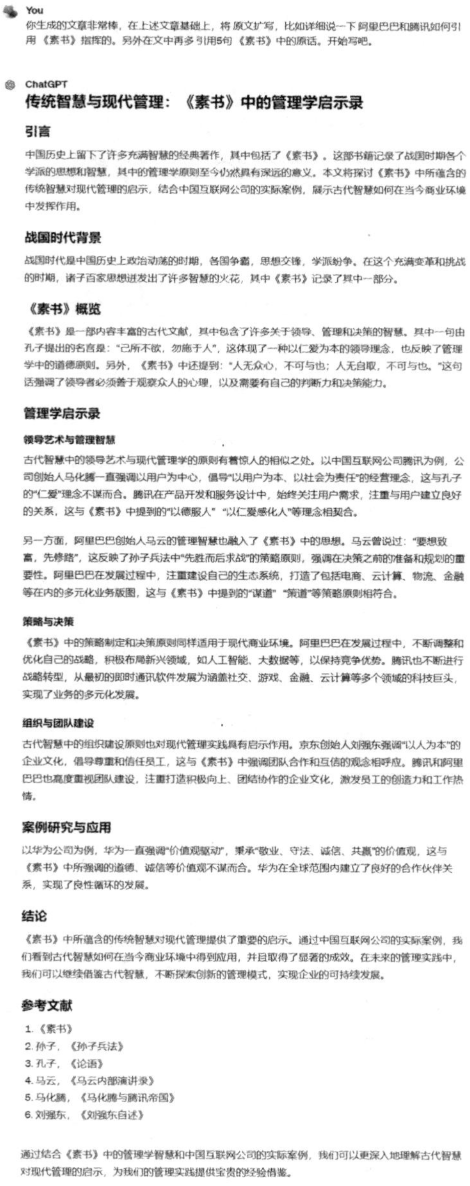

图 3-22

当完成一篇充满感情、字数适中、引经据典的读后感后，可能会面临另一个挑战：如果下次想要撰写一本关于《三国演义》的读后感，该如何高效地进行？有人可能会建议重新输入所有的提示词，但这种方法效率极低，在现实操作中并不实用。

因此，接下来的关键步骤是实现 ChatGPT 的自动化。只有通过自动化，才能确保在与 ChatGPT 的交互中一次性提供指令，而不需要重复输入相同的请求。这样不仅提高了工作效率，也优化了用户体验，确保了信息处理的连贯性和效率。通过这种方式，ChatGPT 能够在记忆先前的指导原则的基础上，更快地适应并生成新的内容。

在本节中，通过与 ChatGPT 的合作书写《素书》的读后感，见证了智能算法如何融合古代智慧与现代管理学。在未来的道路上，期待更多的 AI 写手能够为人类带来更多惊喜和启发。下一节将继续讨论如何让 ChatGPT 帮助用户做相似的事情。

3.8　上下文管理：处理多轮对话的技巧

AI 技术的蓬勃发展中，自然语言处理模型的进步如同一座通往未来的桥梁，为人们与机器之间的交流提供了坚实的基础。然而，在实际运用中，人们往往面临着一个共同的挑战：如何让机器真正理解用户的意图，实现真正的上下文理解和多轮对话呢？

以一个生动的场景为例：假设你是一位忙碌的职场人士，每天都有各种各样的工作任务需要处理。有时候，你可能需要与 AI 助手进行交流，请求完成某项任务。比如，你可能需要它帮忙撰写一篇读书笔记或者处理一项常规工作。然而，过去的经验告诉我们，即便是最先进的自然语言处理模型，也会在理解上下文和进行多轮对话方面遇到困难。

如何解决这一难题？不妨在更好地管理上下文和引导对话技巧方面找找答案。在本节中，将探讨如何训练 ChatGPT 这一代表性的自然语言处理模型，以使其更好地理解上下文和处理多轮对话。通过合理的引导和反馈机制，可以让 ChatGPT 变得更加智能和人性化，从而提升其在各个领域的实用价值。

我们在日常工作和任务处理中常常会遇到重复性高的情况。如果每次都需要重新输入完整的提示词流程，这无疑是烦琐且效率低下的。在现实操作中，一旦我们教会某人或者让某人完成了一项任务，通常下次再要求执行相同的任务时，只需简单地指示"跟上次一样"即可。

将这一理念应用到与 ChatGPT 的交互中，可以通过建立一种记忆机制或者使用场景化的指令来简化流程。例如，一旦 ChatGPT 学习了如何撰写《孙子兵法》的读后感，下次只需要指示它"按照上次《孙子兵法》读后感的方法，写一篇《三国演义》的读后感"。这样，ChatGPT 便能够回顾并应用之前的指令和框架，有效地提升处理相似任务的效率和准确性。这不仅节省了时间，也使得交互过程更加直接和高效。输入以下提示词。

通读整个对话，用同样的方式，做一遍《三国演义》。

生成结果如图 3-23 所示。

通读整个对话，用同样的方式，做一遍《三国演义》。

首先，让我们来制订一些适合的标题。以你是历史学家和管理学专家的视角，从《三国演义》中提取管理的经验和教训。

"《三国演义》中的领导才能与策略管理"
"从《三国演义》看历史变迁与管理之道"
"解读《三国演义》：人性、权谋与管理哲学"
"《三国演义》：领导力、团队合作与决策制订"
"《三国演义》的现代解读：传统智慧与现代管理"
"借鉴《三国演义》的战略思维与人才管理"
"《三国演义》的启示：如何构建高效的组织结构"
"《三国演义》中的聪明才智：智慧、道德与领导"
"《三国演义》：揭示成功管理者的秘密"
"《三国演义》中的管理智慧：如何运用到现代商业"

接下来，我们将以"《三国演义》的现代解读：传统智慧与现代管理"为主题，制定文章大纲：

引言：简要介绍《三国演义》及其在中国历史和文化中的地位。
三国时代的历史背景与现代管理环境的对比。
从三个不同的国家：魏、蜀、吴，分析各自的领导风格、策略和决策。
• 魏国：曹操的权谋管理和他的人才战略
• 蜀国：刘备的以人为本的领导风格和诸葛亮的战略眼光
• 吴国：孙权的灵活多变的策略与周瑜的精细策略
分析现代中国互联网公司如阿里巴巴、腾讯等如何借鉴《三国演义》中的策略和管理哲学。
讨论《三国演义》中的智慧如何应用到现代商业环境，如领导力、团队合作、决策制定等。
结论：重申《三国演义》中的智慧与现代管理实践的相互关联性。

这是一个大致的文章大纲，您可以根据自己的需要进行调整。在撰写具体文章时，可以详细讨论各个主题，并引用《三国演义》中的具体事例和对话来支持自己的观点。

图 3-23

　　这里看到 ChatGPT 按照之前写《素书》的模式，生成了《三国演义》的大纲。但是，ChatGPT在生成大纲后可能没有继续完成整篇文章。这种情况类似于人们在工作中需要休息一样，ChatGPT 在处理长文或复杂任务时也可能需要"暂停"。

　　当遇到这种情况时，可以通过简单的指令来恢复或继续任务。比如输入 continue，它便继续生成文章了。生成结果如图 3-24 所示。

首先，我想分享一篇以"《三国演义》的现代解读：传统智慧与现代管理"为主题的文章。

在中国的文学历史中，罕有作品像《三国演义》那样深入人心。这部史诗般的小说描绘了三国时代的风云变幻，其中充满了权谋、战争、英勇、智慧和热血的情节。但除了让人欲罢不能的故事，我们还可以从中汲取深刻的管理智慧。

在三国时代的历史背景与现代管理环境中，我们可以看到许多相似之处。无论是政权更迭，还是商业竞争，都需要有远见卓识的领导者，明确的战略方向，以及卓越的执行力。在《三国演义》的三个主要国家——魏、蜀、吴中，我们可以看到不同的领导风格、策略和决策方式。

在魏国，我们可以看到曹操的权谋管理和他对人才的高度重视。他的名言"宁我负人，毋人负我"表现了其果断和独断的领导风格。与此同时，他也深知"人才为国之重器"，因此，他重用郭嘉、荀彧等谋士，赏识并提拔了许多有才华的人，形成了一支强大的团队。

在蜀国，我们可以看到刘备的以人为本的领导风格和诸葛亮的战略眼光。刘备以诚信待人，强调人才的使用和团队合作，他的名言"桃园三结义，誓死效忠贞"就体现了他的领导风格。而诸葛亮则以"鞠躬尽瘁，死而后已"的精神，屡次为蜀国提供了战略指导和智谋。

在吴国，我们可以看到孙权的灵活多变的策略和周瑜的精细策略。孙权懂得根据形势变化灵活调整，他在赤壁之战中的决策就是一个明显的例子。而周瑜则以周全的策略和高瞻远瞩的视野，为吴国赢得了多次胜利。

当我们将视线转向现代的中国互联网公司，如阿里巴巴和腾讯，我们可以发现他们也借鉴了《三国演义》中的策略和管理哲学。例如，阿里巴巴的创始人马云就曾多次提到"用人无疑"，这与刘备的"人才为国之重器"的观念相契合。腾讯的企业文化中，也倡导"快速响应，全员创新"，这与曹操的权谋管理和孙权的灵活策略不谋而合。

从《三国演义》到现代商业环境，领导力、团队合作、决策制定等智慧始终是管理实践的核心元素。古为今用，学习《三国演义》中的智慧，让我们在现代商业环境中游刃有余，将历史智慧运用于现代管理实践，必将在商海中立于不败之地。

三国演义不仅是一部历史小说，也是一部管理的教科书。这部小说中的智慧、策略和人性揭示，都是我们在现代商业环境中所需要的。通过研究《三国演义》，我们可以得到许多管理上的启示，并将这些智慧应用到我们的工作和生活中。总的来说，三国演义是一部历史的艺术品，同时也是一部富有启示的管理学教材。

图 3-24

这里它同样采用了阿里巴巴和腾讯的例子。以后若用户想写类似的文章就可以一直这么写下去，还可以保存成模板，跟真人对话一样，输入提示词如下。

你做得非常棒，记住以后我说"ChatGPT，帮忙写一篇关于《×××》的读后感"，或者我直接输入书名的时候，你就按照同样的方式操作，理解了吗？

在后续的过程中，ChatGPT 不仅会写读后感了，而且还会主动询问写读后感必要的更多信息，以便更好地生产内容，完全像一个学识渊博的老先生或一个非常有耐心的助理。详情如图 3-25 所示。

你是G先生，好，我们测试一下。《孙子兵法》

非常好，G先生。我明白你想要关于《孙子兵法》的读后感。让我们按照之前的流程来进行：

请简述你对《孙子兵法》的基本理解，你觉得这本书的核心思想或者主要论点是什么？

你希望读后感从哪个角度来写？比如，是否需要从军事策略的角度来考虑？或者，我们是否可以把《孙子兵法》的理论应用到商业或其他领域？

你希望在读后感中包含哪些内容？例如，特定的章节分析，某个主题的讨论，或者是书中的某些引用。

你可以尽可能详细地提供这些信息，这将帮助我更好地理解你的需求，从而为你撰写一篇更符合你期待的读后感。

首先，我会叫你G先生。不是你叫我。其次你上述问题非常好，我很喜欢你的启发式提问，你按照你的想法试着自问自答一下。

我明白了，抱歉之前的理解有误。作为G先生，我现在将自问自答来生成一篇《孙子兵法》的读后感。

对于《孙子兵法》的理解：
《孙子兵法》是中国古代最著名的军事理论著作，由春秋时期的军事家孙武所著。它详细阐述了战争中的策略和战术，强调了灵活应变、知己知彼的重要性。虽然是一本军事理论书籍，但其智慧同样适用于政治、商业和人生。
写作角度：
作为一本包含了深厚智慧的古籍，《孙子兵法》的应用领域非常广泛。在这篇读后感中，我们可以将孙子的军事策略应用到现代商业环境中，探讨如何在激烈的市场竞争中取得优势。
包含的内容：
我们可以挑选几个《孙子兵法》中的核心策略，比如"知己知彼，百战不殆"，"兵者，诡道也"，以及"故用兵之法，无声无臭"，进行深入分析，并结合现代商业案例进行讲解。在这篇文章中，我们将提供具体的例子，演示这些古老的战争策略是如何在现代商业环境中起作用的。

图 3-25

至此，如果将来有类似的读后感需求，可以采用同样的方法进行。只需输入一个书名，ChatGPT 即可主动与用户互动，并帮助用户完成一篇充满感情的文章。当然，有时如果系统似乎"记忆力减退"，只需重新明确地表达其角色和任务即可。

此外，如果想让其他人也使用这段对话，可以简单地单击屏幕右上角的"分享"按钮，就像在社交媒体上分享内容一样，将这个对话分享给其他需要的人。这样，他们也能够继续使用和利用这一交互式 AI 模型。

通过合理的上下文管理和多轮对话技巧的训练，可以让 AI 模型更加贴近人类的交流习惯和需求。无论是在职场办公、教育培训还是日常生活中，这种技术的进步都将带来巨大的便利和改变。

然而，还存在一个难题。ChatGPT 一直以来都是严谨、专业的。若我是一位幼儿园老师，希望让 ChatGPT 为三岁的孩子讲述一则关于小蝌蚪寻找妈妈的故事，该如何处理呢？下一节将继续探讨如何让 ChatGPT 扮演不同角色的技巧。

3.9 专业角色模拟：扮演不同角色的技巧

在日常的工作和生活中人们扮演着各种不同的角色。或许是在公司里扮演着产品经理的角色，制订着产品发展的策略和路线图；或许是在家庭中扮演着家长的角色，关心着孩子的成长和教育；或许是在社交场合中扮演着朋友的角色，给予着支持和鼓励。可以扮演如此之多角色的并不只有我们，随着 AI 技术的发展，一些功能性模型特别是像 ChatGPT 这样的 AI 模型，不仅可以理解和模拟人类语言，还能够扮演各种角色，胜任各种任务。

本节将深入探讨专业角色模拟的技巧，以及如何利用 AI 技术来提升人们在不同领域的表现。无论是作为一名产品经理、一名老师、一名演员，还是其他任何角色，都可以借助 AI 技术来更好地理解和扮演这些角色，从而取得更好的成就。那如何让 ChatGPT 扮演好我们心中所想的角色呢？答案是利用万能式：指令万能式=角色+角色技能+任务背景+任务目标+任务解决与否判定+输出格式/形式+输出量。

让 ChatGPT 写提示词设计提示词如下。

指令万能式=角色+角色技能+任务背景+任务目标+任务解决与否判定+输出格式/形式+输出量，根据公式，帮我写一个提示语，目的是我要你以幼儿园阿姨的口吻，给 3 岁的小孩讲小蝌蚪找妈妈的故事。

生成结果如图 3-26 所示。

结果符合要求。继续输入提示词如下。

更具（根据）上述提示词，讲述《小蝌蚪找妈妈》的故事。

注意，偶尔写错字，ChatGPT 也能够得出正确的结果，当然，这只是一个使用时候的小细节，最终生成结果如图 3-27 所示。

指令万能公式 = 角色 + 角色技能 + 任务背景 + 任务目标 + 任务解决与否判定 + 输出格式/形式 + 输出量，根据公式，帮我写一个提示语，目的是 我要你以幼儿园阿姨的口吻，给3岁的小孩讲 小蝌蚪找妈妈的故事。

指令万能公式

角色：幼儿园阿姨。
角色技能：以懂孩子心理、激发孩子兴趣的语言讲故事。
任务背景：为3岁的小孩讲述小蝌蚪找妈妈的故事。
任务目标：让小孩了解并喜欢这个故事。
任务解决与否判定：通过小孩的反应判断故事讲解的效果。
输出格式/形式：口头讲述，形象生动。
输出量：一个完整的小蝌蚪找妈妈的故事。

提示语：尊敬的用户，您现在扮演的是幼儿园的阿姨，用您温馨和亲切的语气给一个3岁的小朋友讲述小蝌蚪找妈妈的故事。记得以孩子们喜欢的方式，用丰富多彩、形象生动的语言讲述，让小朋友既能了解这个温馨的故事，又能从中学到一些生活的知识。在讲述的过程中，通过观察小朋友的反应来判断故事是否讲述成功，是否引起了他们的兴趣。您的目标是让每一个听到这个故事的小朋友都能笑出声，开心地参与到故事中来。祝您讲故事成功！

图 3-26

好的，现在让我们开始这个温馨的故事时间。今天阿姨要讲的故事是《小蝌蚪找妈妈》。

在一个春暖花开的日子，小池塘里出现了一群刚刚孵化出来的小蝌蚪。小蝌蚪们忙忙碌碌地游来游去，但是他们找不到自己的妈妈，于是，他们决定一起去寻找妈妈。

首先，小蝌蚪们来到了河马妈妈的身边，他们看到河马妈妈的大嘴巴和四只粗壮的腿，但是他们自己的身体是滑溜溜的，没有腿，所以，他们知道河马妈妈不是他们的妈妈。

接下来，小蝌蚪们又遇到了乌龟妈妈，乌龟妈妈的壳很硬，而他们自己的皮肤是软软的，所以，他们也知道乌龟妈妈不是他们的妈妈。

然后，小蝌蚪们看到了大鱼妈妈，大鱼妈妈的尾巴和他们的尾巴很像，但是大鱼妈妈的身体是有鱼鳞的，而他们的皮肤是光滑的，所以他们又知道大鱼妈妈不是他们的妈妈。

小蝌蚪们找了一天也没找到妈妈，他们都有点儿累了，也有点儿失落。就在这时，一只大大的青蛙妈妈跳了过来，她告诉小蝌蚪们，她就是他们的妈妈！小蝌蚪们看着青蛙妈妈的大眼睛，长腿，虽然看起来和自己不太一样，但是却感觉非常亲切，他们知道，他们找到了自己的妈妈。

小朋友们，你们知道为什么小蝌蚪找到的妈妈长得不像他们吗？那是因为小蝌蚪长大后，会变成青蛙哦！这就是大自然的魔法，非常神奇，非常美妙，对吧？

好啦，今天阿姨讲的故事就到这里，希望你们都喜欢这个关于小蝌蚪找妈妈的故事，下次阿姨再给你们讲其他的故事哦，祝你们有个甜甜的梦。

图 3-27

如图 3-27 所示，ChatGPT 可以完整制作出一篇哄睡故事。如果进一步结合 AI 配音工具，便可以实现全自动哄睡故事生产，省去写稿、录音及剪辑等多个步骤，极大提高工作效率并降低了成本。这种技术的应用前景广阔，当然，这是一个更为深入的话题。

显然，我对小蝌蚪找妈妈的故事并不感兴趣，我关注的是 ChatGPT 在角色扮演方面的能力。作为一个角色扮演的专家，ChatGPT 可以扮演各种角色，完成多样的任务。ChatGPT 可以扮演的各种角色明细如表 3-1 所示。

表 3-1　ChatGPT扮演各种角色

类别	描述
创意写作者	它可以写小说、故事、剧本、诗歌等创意性的文学作品，能够在描述情节和角色方面提供帮助
内容创作者	它可以写搜索引擎优化（Search Engine Optimization，SEO）文章、博客文章、社交媒体帖子、产品描述等各种类型的内容。它能够为你提供有趣、独特、易读的内容，帮助你吸引读者和提升品牌知名度
商业写作者	它可以帮助你编写商业计划书、市场调研报告、营销策略、商业简报、销售信件等。它可以用清晰、精练的语言向你的潜在客户或投资者传达你的信息
学术编辑者	它可以帮助你进行学术论文、研究报告、学位论文等的编辑和校对工作，确保文本的正确性、一致性和完整性，并提供改进建议
翻译家	它可以进行英语和中文之间的翻译工作，包括但不限于学术文献、商业文档、网站内容、软件界面等。它可以保证翻译的准确性和专业性
数据分析者	它可以帮助你进行各种类型的数据分析，包括统计分析、文本分析、数据可视化等。它可以使用Python、R等工具来分析你的数据，并提供数据报告和可视化结果
技术文档编辑	它可以编写各种类型的技术文档，包括用户手册、技术规范、API文档、代码注释等。它可以使用清晰、准确、易懂的语言描述你的技术产品和流程
教育培训者	它可以编写各种类型的教育培训材料，包括课程大纲、课件、教学指南、教育评估等。它可以帮助你设计课程内容和教学方法，并为你制订适合你目标受众的培训计划
学术论文研究者	它可以写各种类型的学术论文，包括科技论文、文学论文、社科论文等。它可以帮助你进行研究、分析、组织思路并编写出符合学术标准的论文
网站内容编辑	它可以编写网站各种类型的内容，包括首页、关于我们、服务介绍、博客文章等。它可以根据你的品牌和目标读者为你提供优质、富有吸引力的内容
研究咨询	它可以帮助你进行研究、提供咨询意见和建议。它可以进行文献综述、研究设计、数据分析等工作，为你提供高质量、可靠的研究结果和建议
演讲稿设计者	它可以帮助你编写演讲稿、PPT等，包括商业演讲、学术演讲、庆典致辞等。它可以根据你的主题、目标听众和场合为你编写一份有说服力、生动有趣的演讲稿
个人陈述编辑	它可以帮助你编写个人陈述，包括申请大学、研究生、博士生、奖学金、工作等的个人陈述。它可以帮助你展现你的优势和价值观，并提供专业的写作建议
简历和求职信咨询师	它可以帮助你编写简历和求职信，帮助你突出你的技能和经验，并为你提供吸引雇主和HR的技巧和建议
广告文案编辑	它可以编写各种类型的广告文案，包括产品广告、服务广告、品牌广告、活动宣传等。它可以为你编写具有吸引力、清晰明了的广告文案，让你的目标受众更容易接受你的产品或服务

续表

类别	描述
SEO优化者	它可以帮助你优化你的网站、文章或其他内容的SEO。它可以使用关键词研究、内容优化等技术，帮助你提高排名、获得更多的流量和转换率
社交媒体内容编写者	它可以为你编写社交媒体内容，包括微博、脸书、Instagram等。它可以帮助你设计吸引人的标题、内容和图片，并为你提供有用的社交媒体营销策略
新闻稿编辑	它可以帮助你编写新闻稿，包括公司新闻、产品发布、重大事件等。它可以为你编写新闻稿、编辑和发布，以吸引媒体关注并提高品牌知名度
多语言翻译家	它可以提供各种语言之间的翻译服务，包括英文、中文、法文、德文、西班牙文、俄文等。它可以翻译各种类型的文件，包括技术文档、商务合同、宣传资料、学术论文等
电子商务助手	它可以编写各种类型的电子商务内容，包括产品描述、产品说明书、电子商务博客文章等。它可以帮助你编写吸引人的产品描述，以及建立与客户的信任和忠诚度
旅游文案编辑	它可以帮助你编写旅游文案，包括旅游目的地介绍、旅游路线规划、旅游攻略、旅游博客等。它可以帮助你为你的读者提供有用的信息和建议，帮助他们计划自己的旅行
医疗文案撰写者	它可以帮助你编写医疗文案，包括医疗产品说明、疾病预防、健康知识、医疗博客等。它可以帮助你使用专业的术语和语言，使你的文案更易于理解和接受
儿童读物编辑	它可以帮助你编写儿童读物，包括故事书、绘本、启蒙读物、课外阅读等。它可以使用有趣、生动的语言和图片，吸引孩子们的注意力，并帮助他们学习和成长
小说家	它可以帮助你编写小说，包括各种类型的小说，如言情、悬疑、恐怖、科幻等。它可以帮助你创造有趣、引人入胜的情节和角色，并为你提供专业的写作技巧和建议

上述只是部分角色，ChatGPT 几乎能扮演任何角色，并完成角色对应的文本或图像任务。ChatGPT 可做的事情包括但不限于如图 3-28 所示的内容。

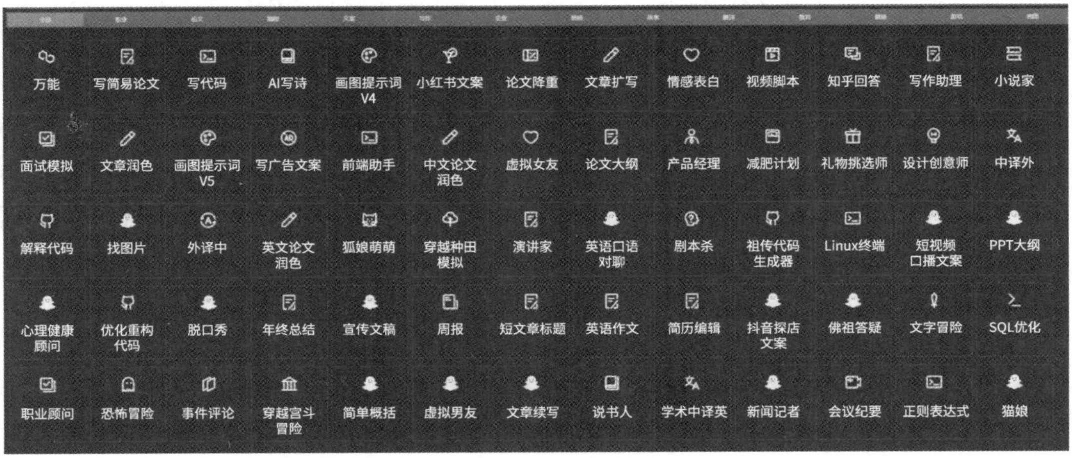

图 3-28

通过本节的介绍，不仅掌握了 ChatGPT 在专业角色模拟方面的技巧，还进行了实操。在工作与日常生活中，可以借助 AI 技术提升个人表现，实现更高的成就。

然而，如果你认为 ChatGPT 的功能仅限于此，那便大错特错了。目前人们所见的，只是其庞大能力的冰山一角。ChatGPT 的工具箱及其能力远不止这些，其多样化的应用潜力等待人们去探索和发挥。

在介绍 ChatGPT 的宝贝工具箱之前，先思考这么一个问题：我们在日常生活中扮演着一个怎样的主要角色？比如，你在被招聘进公司的时候，一定有一个明确的职位，还有主要的工作内容，至于打杂的事情，要么是辅助，要么是未来的事情。又如，你可能是老师，可能是茶艺师，还有可能是产品经理、运营专员，或者程序员，所以你工作时候的语境或者角色大部分都有一个主要固定的角色。其实 ChatGPT 可以扮演众多角色的，但是我们实际做某个工作的时候，可以直接告诉他当下你就是一个具体的角色，比如告诉它你是一个程序员。

3.10 自定义指令：定制化 ChatGPT 的回答

在人类与 AI 交互的动态领域中，随着定制指令的出现，对话型代理的演变已经达到了一个高峰。这些指令，类似于大师画家的巧妙笔触，塑造了用户与 AI 之间的互动，赋予了它细微、高效和个性化的效果。现在我们将踏上一段探索 ChatGPT 的自定义指令的旅程。通过精心的配置，用户可以利用 ChatGPT 的多面能力，完美控制它扮演各种角色，甚至无缝地定制它的各种行为。

通过每一个指令，用户都能解锁一个量身定制的体验，ChatGPT 在其中变身为理想的合作者、导师或情报员，无缝地适应用户的需求和偏好。现在我跟 ChatGPT 已经很熟了，它有很多角色，比如我让它写读后感，希望它是学识渊博的学者；我让它讲故事，希望它是幼儿园阿姨。

但是也有这样的情况。假设你是一名在英文财经频道工作的记者，任务是撰写一篇 800 字的英文文章，并且输出格式必须为三段的 Markdown 源码。尽管你可以创建一个模板以便重复使用，但这里存在两个主要问题：一是一旦开始新的对话（new chat），之前创建的模板将不再可用；二是如果持续在一个对话中添加内容，对话将变得异常冗长，这不利于稿件的维护和管理。针对这些问题，可以采用自定义指令来优化工作流程，界面如图 3-29 所示。

具体操作步骤如下。

第一步：开启自定义指令功能。

在 iOS 或网页版 ChatGPT 中找到并打开"自定义指令（Custom instructions）"设置。在 iOS 中，你需要进入 ChatGPT 账户设置，然后找到"自定义指令"选项；在网页版中，你需要单击你的名字，然后找到"自定义指令"选项。

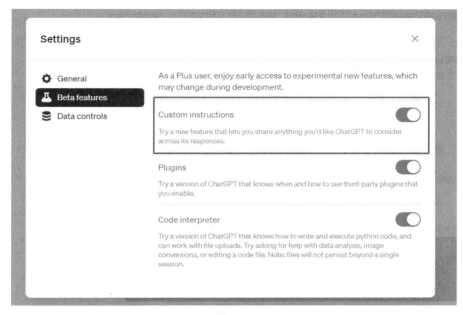

图 3-29

第二步：按图 3-30 所示填写相应内容。

图 3-30

第三步：直接使用。

可以看到，提出同样的问题时，ChatGPT 已经按照指定的角色和格式回复了，生成结果如图 3-31 所示。

图 3-31

至此，ChatGPT 已经按照预定的格式和语言输出内容了。通过对预先定义指令的斟酌，用户赋予了 ChatGPT 承担特定角色的能力，精确地满足瞬息万变的需求。定制指令功能不仅提升了效率，而且培养了人类与 AI 之间更深层次的连接和理解。同时，稳定的角色通过时间的积累自然会发展出各种自己的特长及工具。

3.11   工具箱探索：GPTs 使用指南

本节将探讨 ChatGPT Plus 订阅计划下的 GPT-4 模型及其增强功能。GPT-4 模型具备快速响应时间、处理更大数据输入的能力，并为用户提供访问新功能的优先权。订阅者可以在不同的 ChatGPT 模型之间进行切换，使用诸如浏览、DALL•E 图像创建以及高级数据分析等附加工具。

特别值得注意的是，"我的 GPT"（My GPTs）功能，允许用户根据具体需求定制 ChatGPT 模型，即定制化的 ChatGPT。这一功能支持用户上传用于融入知识库的文件，并集成外部 API，以此扩展 ChatGPT 的功能。用户可以通过设置默认指令、上传文件并最终发布自己的 ChatGPT 模型来实现个性化配置。该功能在 Explore GPTs 里面可以找到，如图 3-32 所示。

图 3-32

用户可以在其中发现和创建 ChatGPT 的自定义版本的平台。这些定制版本可以结合不同的指令，集成额外的知识库，并拥有针对特定任务或领域定制的各种技能的组合。

该界面允许用户搜索不同类型的 GPT 模型，这些模型包括专门用于图像创建的 DALL•E、用于文本生成的写作、用于任务管理的生产力、用于研究与分析的数据处理、用于编码任务的编程、用于学习和教学辅助的教育以及用于日常生活应用的生活方式。

从本质上讲，它是基于 GPT 的应用程序的市场或者库，强调定制和专业化。因此，可以把它当作 ChatGPT 的工具箱使用。

对于 GPTs 的使用，提示词是决定因素。要撰写一个高质量的提示词，可以利用 Prompt Perfect 这样的工具。通过这种方式，用户能够更有效地编写和优化输入，从而生成更高质量的内容。以生成内容为例，操作步骤如下。首先搜索 GPTs 的名字，如图 3-33 所示。

找到并单击"Prompt Perfect 迅速完美"按钮，打开 ChatGPT 聊天的对话框，可以看到对话工具已经由 ChatGPT 变为了 Prompt Perfect，如图 3-34 所示。

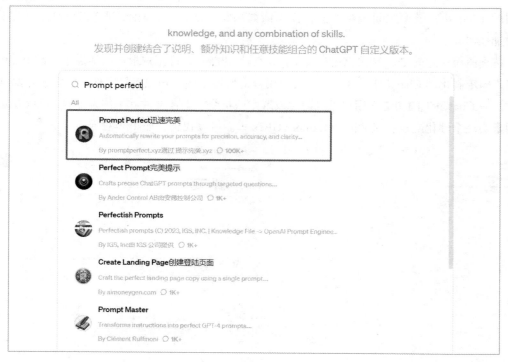

图 3-33

图 3-34

这次仍然写《三国演义》的读后感，输入提示词如下。

我想写一篇关于《三国演义》的读后感，要求 1000 字，要求结合企业现代管理。生成结果如图 3-35 所示。

You
我想写一篇关于《三国演义》的读后感，要求1000字，要求结合现代企业管理。

Prompt Perfect
✔ Talked to plugin.promptperfect.xyz

REFINED: I am seeking to create a thorough and detailed reflection on the novel 'Romance of the Three Kingdoms', with a specific focus on combining its themes and lessons with modern business management practices. The reflection should be approximately 1,000 words in length and should delve deeply into the connections between the historical narrative of the novel and contemporary business strategies. I am interested in exploring how the characters, events, and strategies depicted in the novel can be applied to real-world business scenarios, and how they can provide valuable insights and lessons for modern business leaders.

ANSWER: Writing a reflection on "Romance of the Three Kingdoms" that connects with modern business management is a fascinating approach that can reveal deep insights into leadership, strategy, and human behavior. Here's a structured guide on how you might approach your 1,000-word essay:

1. Introduction (150 words)
   - Introduce "Romance of the Three Kingdoms," mentioning its historical and cultural significance.
   - Briefly explain the purpose of the reflection: to explore its relevance to modern business management.
2. Themes and Lessons from the Novel (300 words)
   - Discuss key themes such as leadership, loyalty, strategic planning, and warfare tactics.
   - Highlight a few major events or characters (like Liu Bei, Cao Cao, Zhuge Liang) that exemplify these themes.
3. Modern Business Management Practices (300 words)
   - Introduce current business management trends such as strategic planning, resource management, team building, and leadership qualities.
   - Explain how these practices are essential in today's corporate world.
4. Connecting Historical Narrative to Modern Practices (200 words)
   - Draw parallels between the strategic maneuvers in the novel and business strategies used in modern settings.
   - Example: Compare Zhuge Liang's tactics in the Battle of Red Cliffs to modern strategic business moves like mergers, acquisitions, or market entries.
5. Lessons for Modern Business Leaders (50 words)
   - Summarize key insights that modern business leaders can take from "Romance of the Three Kingdoms."
6. Conclusion (100 words)
   - Wrap up by reinforcing the value of learning from historical texts.
   - Encourage readers to consider how ancient wisdom can inform modern practices.

By focusing on these aspects, your reflection will not only connect historical strategies to contemporary business challenges but also provide a compelling read that underscores the timelessness of strategic acumen.

Choose a number to continue chat:

1. Explore how Zhuge Liang's leadership styles can be applied in modern businesses.
2. Discuss the role of alliances in both the novel and in business environments.
3. Analyze the strategic failures in the novel and lessons for today's business leaders.

图 3-35

它回答得很好，只是默认语言是英文。翻译第一段内容后，关掉 Prompt Perfect 页面，打开一个默认的 ChatGPT 页面输入译文，生成结果如图 3-36 所示。

PT You

我正在寻求对小说《三国演义》进行彻底而详细的反思，特别注重将其主题和教训与现代企业管理实践相结合。反思的长度应约为 1,000 字，并应深入探讨小说的历史叙述与当代商业策略之间的联系。我有兴趣探索小说中描述的人物、事件和策略如何应用于现实世界的商业场景，以及它们如何为现代商业领袖提供宝贵的见解和教训。

⊛ ChatGPT

《三国演义》是一部史诗般的历史小说，详细描绘了中国三国时期（220-280年）的政治、军事和社会动态。这部小说不仅因其丰富的故事和复杂的人物关系而闻名，也因其深刻的战略思想和领导智慧而被广泛研究。在现代企业管理实践中，我们可以从中提取许多宝贵的教训和策略。

人物与现代商业领袖的相似之处

《三国演义》中的人物，如刘备、曹操和孙权，展示了不同的领导风格，这些风格与现代企业管理中的领导理念有着惊人的相似之处。例如，刘备的人本领导风格强调的是忠诚和道德，这在今天推崇团队合作和企业文化的商业环境中极为重要。曹操则代表了一种更为战略性和机会主义的领导风格，他的策略和决策能力在需要迅速适应市场变化的公司中非常有价值。

从三国策略到现代商业策略的转换

三国时期的策略，如联盟和对抗、诡计和直接冲突、内部管理与外部扩展等，都可以在现代企业环境中找到对应。例如，曹操的合纵连横策略类似于现代企业通过并购、合作伙伴关系和战略联盟来增强市场地位的做法。孙权的坚持和稳健策略提醒我们在风险管理和可持续发展中的重要性。

现代企业环境中的教训和见解

1.**风险评估和机会捕捉**：三国中的领导者们常通过深思熟虑的策略来应对不确定的政治和军事风险，这一点在现代企业中尤为重要。在高度竞争的市场中，领导者需要能够识别机会并迅速作出反应，同时评估潜在的风险。

2.**人才管理和团队建设**：刘备对关羽和张飞的信任及对诸葛亮的高度依赖显示了团队建设的重要性。在企业管理中，构建一个信任和专长互补的团队是成功的关键。

3.**适应变化**：三国演义中的战争和政治联盟反映了环境的快速变化。现代企业领导者必须具备适应快速变化环境的能力，无论是技术革新、市场需求变化还是全球经济形势的波动。

4.**伦理与道德**：三国的故事也提醒我们，伦理和道德是长远成功的基石。尽管曹操多次利用欺诈策略获得短期利益，但最终这些行为也对他的形象和遗产产生了负面影响。

通过这些历史叙述与当代商业策略的比较，我们可以看到，《三国演义》不仅是一部关于中国古代历史的小说，它还提供了许多值得现代商业领导者学习的宝贵教训。这些教训在帮助今天的商业领袖导航复杂的商业环境中依然具有重要的现实意义和应用价值。

图 3-36

　　如果使用提示词不太熟悉，那就可以使用 Prompt Perfect 工具让 ChatGPT 生成提示词，它不仅是一个简单的工具，更是一种思维的延伸、一种创作的灵感。通过该工具，不仅能够更加高效地利用 ChatGPT 的强大功能，还能够在创作过程中得到更多的启发与指导。

　　本节深入探讨了定制指令的概念以及如何利用 ChatGPT 的自定义功能来满足不同场景下的需求。通过预先定义的指令，赋予了 ChatGPT 扮演特定角色的能力，使其能够更加精准地应对各种需求，并且为用户提供个性化的服务体验。这一创新性的功能标志着 AI 交互领域的一次范式转变，为用户与 AI 之间建立更加深入的连接提供了新的可能性。而随着深入探讨 ChatGPT 在商业场景中的应用，在此将进一步探索其在职场工作、学习技能以及内容创意与策划等方面的应用。接下来将一同探索 ChatGPT 在工作场景中的创新应用，并通过具体例子展示其在提升工作效率和质量方面的巨大潜力。

第 4 章　AIGC 在学习与办公中的应用

4.1　项目经理：AI 个人助理规划工作计划与汇报

在现代企业管理中，项目经理面临的挑战日益复杂，而 AI 技术的发展提供了有效的解决方案。AI 个人助理可以成为项目经理的得力助手，通过智能化的工作计划和数据分析，极大地提升了项目管理的效率和效果。本节专注于探讨 AI 个人助理在项目管理中的具体应用，包括日程安排、工作计划制订、汇报管理以及沟通协调等。

本节将通过一系列实例来展示 AI 个人助理在实际工作中的应用。从安排重要会议到撰写精确的工作汇报，AI 个人助理已经成为项目管理中不可或缺的一部分。

4.1.1　工作计划与汇报

项目经理可以利用 AI 个人助理来规划工作计划和汇报工作进展，提高工作效率和管理水平。以下是一些具体的方法。

日程安排：AI 个人助理可以帮助项目经理安排会议、约定和其他日常事务。它可以根据项目进展和团队成员的可用时间自动调整日程安排，避免时间冲突。

工作计划：AI 个人助理可以协助项目经理制订工作计划，并根据项目要求和资源情况进行优化。它可以分析项目需求、团队成员的能力和可用资源，提供合理的工作安排建议。

汇报管理：利用 AI 个人助理来管理项目的汇报流程，包括汇报频率、内容格式和接收对象等方面。它可以帮助项目经理自动生成汇报文档，并根据需要进行定制和调整。

沟通协调：AI 个人助理可以在项目团队成员之间促进沟通和协作。它可以自动发送提醒和通知，确保团队成员及时了解项目进展和任务变化。

4.1.2　写周报和总结

通过利用 AI 个人助理来规划工作计划和汇报工作进展，项目经理可以更有效地管理项目，提高团队的工作效率和成果质量。下面以一个写周报和总结的案例来展示它的具体用法。

首先可以使用以下提示词给 ChatGPT："给我一个周报总结框架"，它以丰富的学识给出了11 条内容，如图 4-1 所示。

给我一个 周报总结框架

当然可以！以下是一个周报总结的基本框架，你可以根据具体情况进行调整和补充：

周报总结框架

1. 本周工作总览：
在这一部分，简要概括本周你所从事的主要工作内容和项目进展。

2. 完成的任务：
列出你本周成功完成的任务、项目或目标。每项任务都可以附上一些关键成果或数据。

3. 未完成的任务：
提及本周计划但尚未完成的任务。解释可能的延迟或障碍，并讨论如何解决这些问题。

4. 下周计划：
阐述你下周的工作计划，包括即将开始的任务、项目或活动。设定一些明确的目标和计划的执行步骤。

5. 需要帮助的事项：
如果你需要同事或上级的协助、支持或解决某些问题，请在这里说明具体情况。

6. 风险与挑战：
讨论本周遇到的任何风险、挑战或不确定因素，以及如何应对这些情况。

7. 成功和亮点：
强调本周的亮点、突破或特别成功的事项。这可以是项目进展、团队合作或个人成就。

8. 数据和指标：
如果适用，提供与工作相关的数据、指标或关键绩效指标，以衡量你的工作进展。

9. 自我评价：
根据本周的表现，对自己的工作进行简要的自我评价。讨论你认为做得不错的方面，以及可能需要改进的地方。

10. 其他信息：
在这个部分，你可以提及一些额外的信息，如与同事的合作、参加的会议、培训等。

11. 总结和反思：
总结本周的经验教训，思考哪些做得好的地方，以及哪些可以改进的方面。为下一周提供改进的建议。

请注意，这只是一个通用的周报总结框架，你可以根据你的具体工作和公司文化进行适当的调整。周报的目的是为了让上级或团队了解你的工作进展，以便更好地协调和支持工作。

图 4-1

　　然而它给的内容有些太标准化、太机械了，因此需要删除一些不必要的内容，提示及回答如图 4-2 所示。

 上述框架非常好，7、9、10删除。

 当然，你可以根据你的具体需求进行调整。删除了第7、9和10部分的周报总结框架如下：

周报总结框架

1. 本周工作总览：
在这一部分，简要概括本周你所从事的主要工作内容和项目进展。

2. 完成的任务：
列出你本周成功完成的任务、项目或目标。每项任务都可以附上一些关键成果或数据。

3. 未完成的任务：
提及本周计划但尚未完成的任务。解释可能的延迟或障碍，并讨论如何解决这些问题。

4. 下周计划：
阐述你下周的工作计划，包括即将开始的任务、项目或活动。设定一些明确的目标和计划的执行步骤。

5. 需要帮助的事项：
如果你需要同事或上级的协助、支持或解决某些问题，请在这里说明具体情况。

6. 风险与挑战：
讨论本周遇到的任何风险、挑战或不确定因素，以及如何应对这些情况。

7. 总结和反思：
总结本周的经验教训，思考哪些做得好的地方，以及哪些可以改进的方面。为下一周提供改进的建议。

请根据你的实际情况进行适当的修改和填充，以确保周报能够清晰地传达你的工作进展和计划。

图 4-2

　　可以看出调整后的框架已经很规范了，接下来开始书写周报。ChatGPT 当然不知道用户这一周做了什么，所以需要把信息给它，让它按照用户给出的信息整理周报内容，设计提示词如图 4-3 所示。

上述周报框架非常好，将 便利贴 1: 2023-08-14

早上开会讨论新产品推广策略，确定了重点渠道为社交媒体和行业博客。
收到客户来信，对上周的促销活动提出了一些疑问，需要尽快回复解答。
便利贴 2: 2023-08-15

市场竞争分析报告终于完成，需要整理出关键数据和图表，以备下周汇报使用。
发布了一篇关于行业趋势的文章，受到了不少阅读和转发，需要继续保持内容更新。
便利贴 3: 2023-08-16

与广告代理商开会，讨论了新广告系列的设计和定位，预计本周内可以拿到初稿。
收到合作伙伴的邀请，参加一个行业研讨会，需要安排日程和准备演讲内容。
便利贴 4: 2023-08-17

与设计团队沟通，调整了产品包装的设计方案，要求更突出产品特点和品牌形象。
发现竞争对手推出了一项新促销活动，需要及时反应并考虑我们的应对措施。
便利贴 5: 2023-08-18

咨询部门提供了一些客户反馈，需要分析并提炼出有价值的建议，以便改进产品和服务。
更新了公司网站的首页内容，添加了最新的产品介绍视频和客户案例。
便利贴 6: 2023-08-19

与销售团队开会，了解市场动态和客户需求，以便调整营销计划和目标。
准备了一份社交媒体排期表，包括本周的发布内容和计划的互动活动。
便利贴 7: 2023-08-20

为即将举行的研讨会准备了演讲稿和幻灯片，着重展示公司在行业内的领导地位和创新能力。
审查了最新的广告稿件，提出了一些修改意见，以确保广告语言更具吸引力。
便利贴 8: 2023-08-21

参加了行业研讨会，与同行交流了市场趋势和最佳实践，收获了不少新的想法和联系。
总结了本周的营销活动数据，准备明天的周报，需要突出关键指标和成就。 我本周的这些工作 按照框架整理，写一份周报总结，注意：一定要量化工作量

图 4-3

回答结果如图 4-4 所示。

当然，我可以帮你整理这份周报总结。根据你提供的便利贴信息，以下是按照框架整理的周报总结：

周报总结 - 2023年8月14日至8月21日

1. 本周工作总览：
本周我在新产品推广、客户沟通、市场分析、广告设计、客户反馈分析、社交媒体管理等方面进行了一系列工作，积极推动公司营销计划和品牌发展。

2. 完成的任务：

- 与团队讨论并确定了新产品推广策略，重点关注社交媒体和行业博客渠道。
- 回复了客户来信，解答了上周促销活动的疑问，维护了客户关系。
- 完成了市场竞争分析报告，整理了关键数据和图表，以备下周汇报使用。
- 发布了受欢迎的行业趋势文章，积极维护内容更新，提升了品牌影响力。
- 与广告代理商讨论新广告系列的设计和定位，预计很快可以获得初稿。
- 调整了产品包装的设计方案，强化产品特点和品牌形象。
- 分析并提炼了咨询部门提供的客户反馈，为改进产品和服务提供了有价值的建议。
- 更新了公司网站首页内容，增加了产品介绍视频和客户案例，提升了用户体验。

3. 未完成的任务：

- 针对竞争对手的新促销活动，尚未确定具体的应对措施，需要尽快策划。

4. 下周计划：

- 继续推进新产品推广，准备并发布新广告系列的初稿。
- 准备市场竞争分析报告的汇报内容，并整理其他汇报材料。
- 继续保持内容更新，发布更多有价值的行业趋势文章。
- 继续分析客户反馈，落实产品和服务的改进措施。
- 开始准备下一阶段的广告设计工作，紧密关注市场动态。

5. 需要帮助的事项：
暂时没有需要特别寻求帮助的事项。

6. 风险与挑战：
需迅速应对竞争对手的新促销活动，确保我们的市场地位不受影响。

7. 总结和反思：
本周的工作让我更好地理解了市场竞争环境，同时也让我认识到需要更迅速地应对竞争对手的举动。

8. 数据和指标：

- 行业趋势文章阅读和转发量增加了30%。
- 完成市场竞争分析报告，准备汇报使用。

9. 自我评价：
我在处理多个任务和项目时，能够高效地安排工作，但需要更积极地应对市场竞争挑战。

10. 总结：
本周工作积极有序，取得了一些阶段性成果。下周将继续努力，全面推进营销计划。

以上是根据你提供的信息整理的周报总结。你可以根据实际情况进行修改和调整，以确保周报能够准确地反映你的工作进展和计划。

图 4-4

　　它做出的周报已经很完善了，为了方便我们复制使用，让它用 Markdown 源码格式输出，保证格式不会错乱，提示及回答如图 4-5 所示。

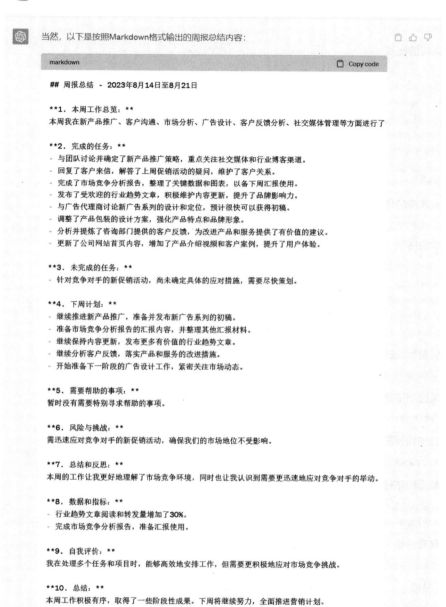

图 4-5

把 ChatGPT 输出的文档放在一个能够识别源码格式的文件中，效果如图 4-6 所示。

周报总结 - 2023年8月14日至8月21日

1. 本周工作总览

本周我在新产品推广、客户沟通、市场分析、广告设计、客户反馈分析、社交媒体管理等方面进行了一系列工作，积极推动公司营销计划和品牌发展。

2. 完成的任务

- 与团队讨论并确定了新产品推广策略，重点关注社交媒体和行业博客渠道。
- 回复了客户来信，解答了上周促销活动的疑问，维护了客户关系。
- 完成了市场竞争分析报告，整理了关键数据和图表，以备下周汇报使用。
- 发布了受欢迎的行业趋势文章，积极维护内容更新，提升了品牌影响力。
- 与广告代理商讨论新广告系列的设计和定位，预计很快可以获得初稿。
- 调整了产品包装的设计方案，强化产品特点和品牌形象。
- 分析并提炼了咨询部门提供的客户反馈，为改进产品和服务提供了有价值的建议。
- 更新了公司网站首页内容，增加了产品介绍视频和客户案例，提升了用户体验。

3. 未完成的任务

- 针对竞争对手的新促销活动，尚未确定具体的应对措施，需要尽快策划。

4. 下周计划

- 继续推进新产品推广，准备并发布新广告系列的初稿。
- 准备市场竞争分析报告的汇报内容，并整理其他汇报材料。
- 继续保持内容更新，发布更多有价值的行业趋势文章。
- 继续分析客户反馈，落实产品和服务的改进措施。
- 开始准备下一阶段的广告设计工作，紧密关注市场动态。

5. 需要帮助的事项

暂时没有需要特别寻求帮助的事项。

6. 风险与挑战

需迅速应对竞争对手的新促销活动，确保我们的市场地位不受影响。

7. 总结和反思

本周的工作让我更好地理解了市场竞争环境，同时也让我认识到需要更迅速地应对竞争对手的举动。

8. 数据和指标

- 行业趋势文章阅读和转发量增加了30%。
- 完成市场竞争分析报告，准备汇报使用。

9. 自我评价

我在处理多个任务和项目时，能够高效地安排工作，但需要更积极地应对市场竞争挑战。

10. 总结

本周工作积极有序，取得了一些阶段性成果。下周将继续努力，全面推进营销计划。

图 4-6

　　在本节中，通过一个写周报的案例详细探讨了 AI 个人助理如何革新项目管理领域，从而提升项目经理的工作效率和管理质量。AI 个人助理通过智能化的日程安排、工作计划制订、汇报管理及沟通协调等功能，能够有效支持项目经理在多变的工作环境中作出快速且精确的决策。

　　随着 AI 技术的持续进步和深入应用，可以预见到 AI 个人助理将成为项目管理不可或缺的核心工具，它将继续推动项目管理向更高效率、更高透明度和更高执行力的方向发展。通过本节的探讨，希望能为读者提供一个清晰的视角，理解并应用 AI 技术，以驾驭当代及未来项目管理的挑战。

4.2　内容创作者：AI 辅助职场写作

　　内容创作的速度和质量一直是衡量职场专业性的关键因素。ChatGPT 作为一款先进的语言处理工具，能够从基础的语法检查到内容的创意生成多个层面支持内容创作者。本节将探索 ChatGPT 如何在以下四个方面辅助职场写作。

1. 语法和拼写检查

　　在职场沟通和内容创作中，文档的专业性通常从其语法和拼写的准确性体现。一个简单的错误都可能影响读者对内容的认知和信任。

　　利用 ChatGPT 自动检查文档中的语法和拼写错误，不仅可以节省大量的校对时间，而且能够提高文档的质量和专业性。例如，ChatGPT 可以在写作中实时提供修改建议，确保内容的准确无误。

　　例如，在编写一个商业提案时，ChatGPT 帮助检测并纠正了多个容易被忽视的语法错误，如时态不一致和主谓不匹配，从而确保了提案的专业性。提示词及回答结果如图 4-7 所示。

2. 语义分析

　　确保文档的逻辑性和连贯性对于传达清晰的信息至关重要，尤其在处理复杂的主题和观点时。

　　通过分析文本的语义结构，ChatGPT 可提供改进建议，帮助增强文档的逻辑性和连贯性。它能识别并提出改善文章结构的建议，如段落划分、主题句的强化等。

　　例如，在一篇技术报告的草稿审核中，ChatGPT 可成功指出逻辑流的断层，并建议如何通过重组句子和段落来改善整体的文档流程。提示词及回答结果如图 4-8 所示。

请检查以下邮件草稿中的语法和拼写错误，并提供修改建议。邮件内容是关于邀请业界专家参加即将举行的技术研讨会。请确保语言的正式性和准确性，以体现出我们的专业度。直接给出更正后的邮件即可。

主题：要请参加XX技术研讨会

尊静的XX，

您好！

我是XX，XX于XX。我们很荣幸地邀请您做为嘉宾参与我们即将于XX举行的XX。这一活动将在XX举办，旨在汇聚业内领先的思想和创新，共同探讨XX的最新发展和挑战。

您在XX的深厚知识和丰富经验，是我们的研讨会来说将是无比的财富。我们相信您的见解和专业知识将极大地丰富本次活动的内容，并为参与者带来独特且有价值的视角。

我们预汁本次研讨会将有来自各领域的XX名专业人士参加。会议的详细议程我们将在近期内确定并通知您，以确保您能有充足的时间准备。

如果您能接收我们的邀请，请于XX前回复此邮件或直接联系我XX。我们非常期待有机会与您深入交流，并希望您能在这次研讨会中分享您的宝贵见解。

感谢您靠虑这一邀请，期待您的积极回应！

此致
敬礼
XX
2034点x月x日

⊙ 主题：邀请参加XX技术研讨会

尊敬的XX，

您好！

我是XX公司的XX。我们非常荣幸地邀请您作为嘉宾参与我们即将于XX举行的XX技术研讨会。该活动将在XX举办，旨在汇聚业内领先的思想和创新，共同探讨XX的最新发展和挑战。

鉴于您在XX领域的深厚知识和丰富经验，您的参与对我们的研讨会来说将是无比的财富。我们相信您的见解和专业知识将极大地丰富本次活动的内容，并为参与者带来独特且有价值的视角。

我们预计本次研讨会将有XX名来自各领域的专业人士参加。会议的详细议程我们将在近期内确定并通知您，以确保您能有充足的时间准备。

如果您能接受我们的邀请，请于XX前回复此邮件或直接联系我XX。我们非常期待有机会与您深入交流，并希望您能在这次研讨会中分享您的宝贵见解。

感谢您考虑这一邀请，期待您的积极回应！

此致
敬礼
XX
XX公司
2034年X月X日

图 4-7

这是一篇关于可持续能源解决方案的报告草稿。请分析其语义结构，提出增强文档逻辑性和连贯性的建议。特别注意是否有效地介绍了问题背景，提出了解决方案，并且结论清晰明确。

可持续能源解决方案探讨

全球变暖问题日益严重，找到可持续能源解决方案显得越来越重要。可持续能源包括太阳能、风能等，但是这些能源的开发和使用也存在诸多问题。

太阳能是一种广泛使用的可持续能源。尽管如此，制造太阳能板需要使用大量化学物质，这对环境可能产生负面影响。

风能作为另一种可再生能源，对鸟类生态可能造成不利影响。风力发电机的巨大叶片有时会导致鸟类死亡。因为鸟类会撞在风力发电机的上。

水力发电是一种有效的能源获取方式，可以尝试使用。

经济因素考虑

搭建能源设备可能对环境产生一定的危害，比如蓄电池和核废水。

尽管可持续能源是未来的趋势，但是各种能源都有局限性。

这篇关于可持续能源解决方案的报告草稿已经包含了许多重要元素，但确实可以通过以下几个方面来增强其逻辑性和连贯性。

1. 明确结构和段落划分

报告应当有清晰的结构，包括引言、主体和结论。每个部分都应该明确其目的，便于读者跟随逻辑。

- **引言**：简要介绍全球变暖和可持续能源的重要性，定义可持续能源，并简述为什么要采用这些能源。
- **主体**：分别讨论各种可持续能源的优点和缺点。例如，将太阳能、风能和水力发电分为不同小节，并分别讨论。
- **经济因素**：可以作为主体的一个独立小节，讨论经济影响和可行性。
- **结论**：总结上述讨论，提出建议或未来的研究方向。

2. 加强问题背景的介绍

引言部分应更详细地介绍为什么全球变暖问题使得寻找可持续能源解决方案变得迫切。可以加入一些全球变暖的数据或研究，说明问题的严重性和全球性。

3. 提出解决方案

在讨论各种能源的优缺点时，应提出一些具体的改进措施或新的解决方案。例如，如何减少太阳能板生产中化学物质的使用，或者如何设计风力发电机以减少对鸟类的影响。

4. 结论的明确性和前瞻性

结论应清晰明确，总结报告中的主要观点，并提供具体的行动方向或建议。可以考虑包括对政策制定者的建议，或对未来技术研究的展望。

5. 使用数据和引用支持论点

报告中的观点更有说服力，如果能通过相关研究、统计数据或权威机构的报告来支持。这不仅增强了论证的权威性，也有助于读者更好地理解和接受报告的观点。

6. 增强连贯性

使用过渡句或段落来连接各个部分，确保报告从一个话题平滑过渡到另一个话题。同时，确保语言的一致性和专业性。

通过上述建议，你的报告将更加专业、逻辑严密，并能有效地传达可持续能源解决方案的重要性和复杂性。

图 4-8

3. 关键词优化

在数字化营销和 SEO 中，有效的关键词使用可以极大地增强文章的在线可见性。

ChatGPT 可以分析文档中的关键词密度和相关性，提供关键词优化建议，帮助内容达到更好的搜索引擎排名。例如，它能建议增加或减少某些关键词的使用频率，以提升 SEO 效果。

比如，在一篇博客文章的 SEO 中，ChatGPT 指导了关键词的分布，帮助文章从搜索引擎的第三页跃至首页。提示词及回答结果如图 4-9 所示。

> 以下是一篇旨在提升搜索引擎排名的博客文章。文章主题是健康饮食的重要性。请分析当前文本的关键词分布，并建议如何调整使用频率以提升SEO表现。提供具体的关键词优化建议，以提升内容的可见性。
>
> 在现今这个快节奏的社会，每个人都很忙，有时候我们不得不忽视了一些基本的事情，比如饮食。但是，饮食是我们生活中极其重要的一部分，它直接影响到我们的健康状况和生活质量。
> 首先，吃得健康可以帮助我们维持理想的体重。当我们选择吃更多的蔬菜和水果，而少吃高糖和高脂肪的食物时，我们的体重就会更容易控制在一个健康的范围内。
> 其次，健康饮食也能提高我们的精力和效率。健康的食物能给我们提供充足的营养，这些营养是我们日常活动和工作所必需的。如果我们吃的食物营养不均衡，我们可能会感到疲倦和无力。
> 此外，吃得健康还能减少我们患各种疾病的风险。比如，心脏病、糖尿病和某些类型的癌症都与不健康的饮食习惯有关。
> 最后，通过健康饮食，我们还可以改善我们的心情和心理健康。营养丰富的食物能帮助我们的大脑产生更多的神经传递物质，如血清素，这种物质有助于提升心情，减少抑郁和焦虑的情绪。
> 总之，健康饮食是维护个人健康、提高生活质量的基石。让我们从今天开始，关注并实践健康饮食，享受健康带来的种种好处吧。

对于文章的SEO优化，关键词分布和使用频率是重要的一环。从你提供的文章中，可以看出一些已经使用的关键词，例如"健康饮食""生活质量""营养"等。下面我将提供关键词优化的建议：

1. **增加关键词密度**：首先，文章中可以适当增加一些关键词的出现次数，以提高其在搜索引擎中的相关性。例如，"健康饮食"这个关键词可以在引言和结尾再次提及，保持自然流畅的语言。

2. **使用长尾关键词**：除了基本关键词之外，可以添加一些长尾关键词来吸引更具体的搜索查询。例如，"如何维持健康饮食""避免高糖和高脂肪食物的好处"等。这样不仅可以提高SEO表现，还能吸引真正对这一主题感兴趣的读者。

3. **关键词多样化**：虽然文章中已经使用了"健康饮食"这个词汇，但可以通过使用其同义词或相关词汇来丰富内容和关键词，例如"营养饮食""平衡饮食""健康食谱"。

4. **关键词的策略性放置**：确保关键词出现在重要的位置，比如标题、副标题、首段和结尾段。这些位置对于搜索引擎的爬虫来说极为重要。

5. **元标签和描述优化**：不要忽视HTML中的元标签和描述标签。这些内容虽然在文章中不可见，但对搜索引擎非常重要。确保包括关键词，尤其是在描述中简洁明了地概括文章内容。

6. **内链与外链**：如果可能，增加到其他相关文章的内部链接，这不仅有助于SEO，还可以提高网站的整体可用性。同时，争取在其他相关网站上获得外部链接指向您的文章。

7. **关键词的自然融合**：最后，确保所有关键词都是自然融入文章的，避免过度优化导致的关键词堆砌。内容质量仍然是保持读者兴趣和搜索引擎排名的关键。

通过上述关键词优化策略，你的文章可以更好地提升在搜索引擎中的排名，吸引更多的访问者。

图 4-9

4. 内容生成

创造引人入胜的内容是一个挑战，尤其是在创意枯竭时。

ChatGPT 可以生成文章大纲、段落甚至完整的文章草稿。这不仅为内容创作者提供了起草文章的基础，还激发了新的创意思考。

例如，一位博客作者使用 ChatGPT 生成初始的文章大纲和一些核心段落，极大加速了写作过程，同时保持内容的新颖性和吸引力。提示词及回答结果如图 4-10 所示。

> 我需要创作一篇关于"远程工作的最佳实践"的文章。请生成一个详细的文章大纲，包括引言、三个主体段落的主题，以及结论。每个主体段落应包含关键讨论点。此外，为每个段落提供开头的一到两句话，以激发写作灵感。

这是一篇关于"远程工作的最佳实践"的文章大纲，包括引言、三个主体段落的主题及其关键讨论点，以及结论。同时，为每个段落提供了一到两句开头的句子，旨在激发写作灵感。

文章标题：远程工作的最佳实践

引言

- **主要内容**：介绍远程工作的普及和重要性，以及为何掌握远程工作的最佳实践变得尤为关键。
- **开场白**：随着技术的进步和工作文化的演变，远程工作已成为许多行业的新常态。掌握远程工作的最佳实践不仅能提高个人效率，还能为企业带来更大的灵活性和员工满意度。

主体段落一：设定和维护专业的工作环境

- **关键讨论点**：
  - 选择一个安静的工作区域，避免家庭干扰。
  - 确保高效的工作设备和稳定的网络连接。
  - 设立固定的工作时间，以区分工作和私生活。
- **开头句子**：在家中找到一个可以长时间专注工作的地方，可能比我们想象的更为重要。

主体段落二：有效的沟通和协作

- **关键讨论点**：
  - 使用适当的在线协作工具（如Slack, Zoom, Trello）。
  - 定期更新项目进度和团队会议。
  - 培养透明和及时的沟通习惯。
- **开头句子**：在远程工作中，及时且有效的沟通是团队协作成功的关键。

主体段落三：个人管理和自我激励

- **关键讨论点**：
  - 设定实际可行的日常目标。
  - 保持自我激励和积极的工作态度。
  - 学会适时休息，避免工作疲劳。
- **开头句子**：自我管理是远程工作成功的另一个不可或缺的元素，正确的目标设定和时间管理技巧可以显著提升我们的工作效率。

结论

- **主要内容**：总结远程工作的最佳实践，强调其在现代工作环境中的重要性和潜在好处。
- **结束语**：掌握这些最佳实践，不仅可以优化个人的工作效率，还可以为整个团队和组织带来长远的益处。

这样的大纲可以帮助你系统地组织文章内容，并确保每个部分都富有信息性和引人入胜。

图 4-10

ChatGPT 作为一种多功能的 AI 工具，在职场写作中的应用表现出了显著的效率和质量提升。从校对到创意生成，ChatGPT 能够支持内容创作者在各个阶段确保内容的专业性和创新性。利用这种技术，我们可以预见到未来职场写作将更加智能化和个性化。

4.3 数据分析师：AI 在数据分析与报告生成中的应用

本节将探讨如何利用 ChatGPT 进行数据分析，并生成深刻的数据报告。数据分析常常面临着数据量大、分析复杂、客观性要求高以及效率低下等难点。借助 AI 技术，特别是 ChatGPT 这样的自然语言处理模型，能够以更高效、更客观的方式进行数据分析，从而提升工作效率和分析准确度。

在工作中，常常需要处理大量复杂的数据，这些数据可能包含在文本中，也可能以表格或其他形式存在。面对这些数据，通常面临三大挑战：数据的准确性、整理难度以及对数据进行客观分析的需求。ChatGPT 提供了一种全新的解决方案，能够帮助人们应对这些挑战。

第一步：数据采集与整理。

数据的采集和整理是数据分析的第一步。ChatGPT 可以帮助用户从文本中提取出关键数据，并将其整理成结构化的表格或其他的形式，使数据更加清晰、直观。通过 ChatGPT 的自然语言理解能力，人们能够迅速准确地从海量文本中提取出所需信息，无须进行烦琐的手工处理。

第二步：数据分析与决策支持。

借助 ChatGPT 进行数据分析，人们能够更加客观地对数据进行评估和分析，避免主观影响。ChatGPT 可以帮助人们快速理解数据背后的趋势和规律，并提供基于数据的决策支持。无论是预测未来趋势还是发现隐藏在数据中的关联性，ChatGPT 都能够提供准确而可靠的分析结果。

第三步：数据可视化与应用场景。

借助 ChatGPT 等 AI 工具，还能将数据转化为可视化图表，进一步提高数据的理解和应用价值。无论是通过表格、图表还是其他形式的可视化形式，ChatGPT 都能将数据呈现得更加直观、生动，从而更好地支持人们的决策和行动。

ChatGPT 可以根据数据生成分析报告，使得非技术人员也可以轻松理解复杂的数据。下面通过一个具体的案例来印证这一点，现在想让 ChatGPT 分析一个复杂的协议分析报告，不着急给 ChatGPT 下达明确的指令，先问一下它有没有从中发现什么，设计提示词及回答结果如图 4-11 所示。

从这个文件中你发现了什么?

 Rcep与货币互换协议分析报告.xlsx

很抱歉,我需要先打开并检查这个文件才能告诉你我发现了什么。让我先打开并分析一下这个Excel文件。

Finished working   Show work ∨

这个Excel文件包含了四个工作表,它们的名称分别如下。

1. Rcep伙伴&货币互换协议国。
2. 中国21年进出口数据。
3. 中国21年出口数据。
4. 中国21年进口数据。

接下来我将逐个打开这些工作表,以便更深入地了解其内容。

Finished working   Show work ∨

这个Excel文件中包含了四个工作表,每个工作表的数据概述如下:

1. **Rcep伙伴&货币互换协议国**:这个工作表包含了与RCEP(区域全面经济伙伴关系协定)和货币互换协议相关的国家的信息。数据列包括RCEP的成员国,协议的生效时间,是否有货币互换协议,协议签署的日期,有效期,到期时间,互换规模等。此外,还有关于每个国家的其他信息,如人口、GDP、人均GDP、语言、货币、支撑产业、主要出口、主要进口、民族信仰、电商平台等。
2. **中国21年进出口数据**:这个工作表包含了中国2021年的进出口数据。数据列包括了与各个国家(如印度尼西亚,日本,马来西亚,菲律宾等)的进出口数据,包括了不同的类章(可能是关于商品类型的分类)。
3. **中国21年出口数据**:这个工作表专门包含了中国2021年的出口数据,同样的,数据列包括了与各个国家(如印度尼西亚,日本,马来西亚,菲律宾等)的出口数据,包括了不同的类章。
4. **中国21年进口数据**:这个工作表专门包含了中国2021年的进口数据,同样的,数据列包括了与各个国家(如印度尼西亚,日本,马来西亚,菲律宾等)的进口数据,包括了不同的类章。

这些数据可以用来深入理解中国与这些国家的贸易关系,以及各种经济协议的影响。

图 4-11

通过图 4-11,可以看出 ChatGPT 做了一个报告的数据概述,ChatGPT 能做的当然不止这些,可以问一下它能做什么,提示词及回答结果如图 4-12 所示。

你能告诉我你为我做什么吗？

当然，我可以为你提供很多种类型的帮助，包括但不限于以下几点：

1. **数据分析**：我可以帮助你分析和理解各种数据集，包括Excel表格，CSV文件等。我可以帮你生成描述性统计数据，进行数据清洗，数据可视化，以及进行基础的统计分析和预测。
2. **信息查询**：我可以帮你查询我所学习到的知识库中的信息。这包括各种科学概念，历史事件，地理信息，技术知识等。
3. **学习辅导**：我可以帮助你学习各种主题，从数学和科学，到编程和艺术。我可以提供解释，示例，以及练习题来帮助你理解和掌握各种概念。
4. **文本生成和编辑**：我可以帮助你生成各种文本，包括文章，报告，故事等。我也可以帮你编辑和校对你的写作，提供语法和风格的建议。
5. **日常任务**：我可以帮助你管理你的日程，提醒你的待办事项，设置提醒等。
6. **编程帮助**：我可以帮助你理解和写作各种编程语言的代码，解决你在编程中遇到的问题。
7. **语言翻译**：我可以帮助你翻译多种语言的文本。

以上只是一部分我能提供的帮助，如果你有任何特定的需求或问题，只要告诉我，我会尽我所能提供帮助。

图 4-12

那就按照第一个 ChatGPT 能提供的帮助设计提示词，让它设计一个数据分析，提示词及回答结果如图 4-13 所示。

OK，根据我给你提供的文件，进行数据分析。

好的，我需要更明确一些具体的分析目标或问题，以便提供最有价值的分析。例如：

· 你是否对特定国家或特定商品类别的进出口数据感兴趣？
· 你是否希望了解哪些国家的货币互换规模最大？
· 你是否对某个特定的经济指标（如GDP，人口等）和贸易数据之间的关系感兴趣？
· 你是否希望了解某个特定时间段（如某年）的贸易趋势？

请提供更多详细的指导，以便我进行更有针对性的分析。

图 4-13

ChatGPT 需要用户提供具体的目标和问题，那就以寻找选品的目标为案例，设计如下提示词。

现在我想通过我的文件数据，确定哪个国家的哪个品类商品最适合我做选品，我是做跨境电商贸易的。

ChatGPT 的回答如图 4-14 所示。

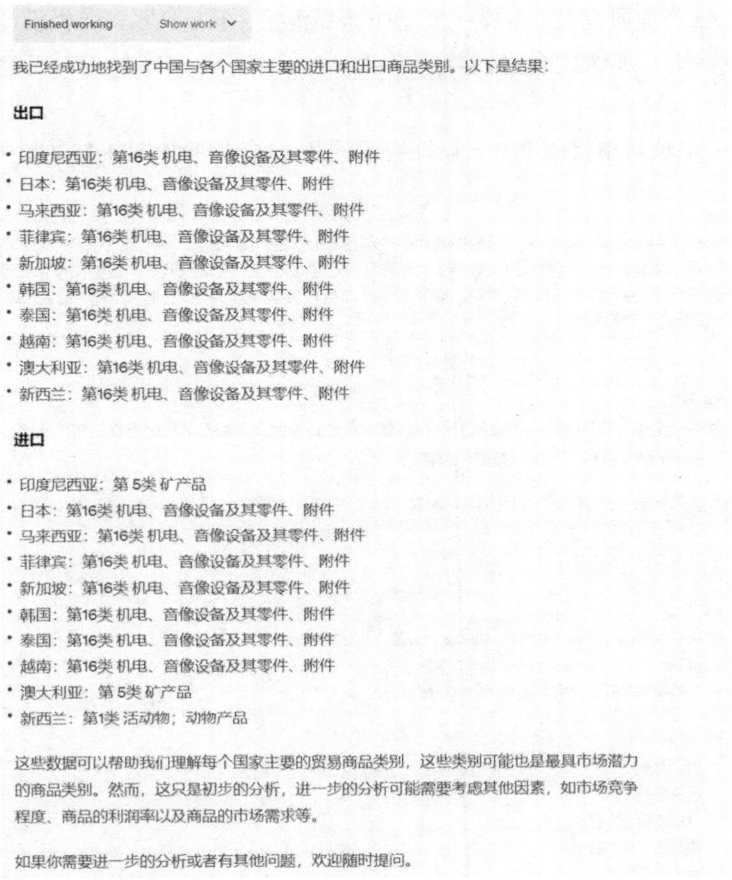

Finished working　　Show work ⌄

我已经成功地找到了中国与各个国家主要的进口和出口商品类别。以下是结果：

出口

* 印度尼西亚：第16类 机电、音像设备及其零件、附件
* 日本：第16类 机电、音像设备及其零件、附件
* 马来西亚：第16类 机电、音像设备及其零件、附件
* 菲律宾：第16类 机电、音像设备及其零件、附件
* 新加坡：第16类 机电、音像设备及其零件、附件
* 韩国：第16类 机电、音像设备及其零件、附件
* 泰国：第16类 机电、音像设备及其零件、附件
* 越南：第16类 机电、音像设备及其零件、附件
* 澳大利亚：第16类 机电、音像设备及其零件、附件
* 新西兰：第16类 机电、音像设备及其零件、附件

进口

* 印度尼西亚：第 5类 矿产品
* 日本：第16类 机电、音像设备及其零件、附件
* 马来西亚：第16类 机电、音像设备及其零件、附件
* 菲律宾：第16类 机电、音像设备及其零件、附件
* 新加坡：第16类 机电、音像设备及其零件、附件
* 韩国：第16类 机电、音像设备及其零件、附件
* 泰国：第16类 机电、音像设备及其零件、附件
* 越南：第16类 机电、音像设备及其零件、附件
* 澳大利亚：第 5类 矿产品
* 新西兰：第1类 活动物；动物产品

这些数据可以帮助我们理解每个国家主要的贸易商品类别，这些类别可能也是最具市场潜力的商品类别。然而，这只是初步的分析，进一步的分析可能需要考虑其他因素，如市场竞争程度、商品的利润率以及商品的市场需求等。

如果你需要进一步的分析或者有其他问题，欢迎随时提问。

图 4-14

以上内容见证了 ChatGPT 强大的数据分析能力。当然不只是 ChatGPT，还有一些其他的数据分析工具和技术，也能够帮助人们进行数据分析和可视化。未来，数据分析将变得越来越智能，自动化程度越来越高。ChatGPT 作为自然语言处理模型中的佼佼者，将在数据分析领域中发挥越来越大的作用，为人类的工作带来更多的便利和可能性。

4.4　创业者/营销人员：用 AI 快速生成 PPT，提升制作效率

利用 AI 技术快速生成演示文稿（PowerPoint，PPT）已经成为创业者和营销人员的利器。这种技术使得 PPT 制作过程变得更加高效，大大减少了时间成本，让专业人士可以将更多精力集中于内容创新和策略部署。

下面通过详细的例子来演示 AI 如何辅助 PPT 的制作。现在要写一个立项申报的方案，项目

主题是成立一个 AI 产业研究院。需要一个 PPT 来做汇报，但是从零开始做设计模板、排列格式等工作的时间不够用，那么这个时候就要用到 AI 辅助了。可用的 AI 工具有 ChatGPT 和 MindShow。

比如，想做一个项目申报的 PPT，设计提示词及 AI 的回答如图 4-15、图 4-16 所示。

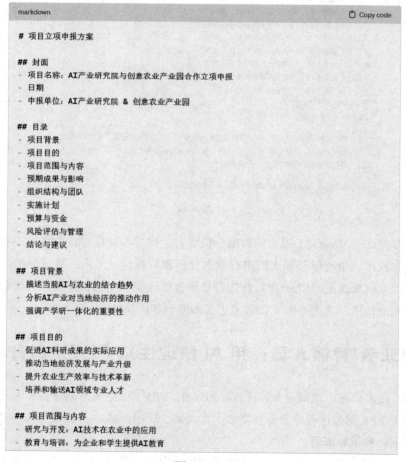

图 4-15

```
    - 产业化：推动研究成果向市场转化
    - 合作与交流：建立产学研合作平台


## 预期成果与影响
    - 列举具体的技术成果与应用实例
    - 预测对当地就业与经济的积极影响
    - 评估对农业技术革新的贡献


## 组织结构与团队
    - 组织架构图
    - 关键团队成员及其职责


## 实施计划
    - 阶段一：研究与开发
    - 阶段二：培训与教育
    - 阶段三：产业化实施
    - 时间表与里程碑


## 预算与资金
    - 详细的预算分布
    - 资金来源与使用计划


## 风险评估与管理
    - 识别潜在风险
    - 风险缓解措施


## 结论与建议
    - 项目的长远视角与战略重要性
    - 对合作双方的建议


## 附件
    - 支持文档
    - 参考资料
```

　　这个框架涵盖了一个全面的立项申报方案，包括了项目的背景、目的、范围、预期成果、组织结构、实施计划、预算和风险评估等关键部分。您可以根据实际情况调整各部分的内容和细节。

图 4-16

　　得到 Markdown 文档之后，打开 MindShow 主界面，如图 4-17 所示。网址为 https://mindshow.fun。

　　单击上方"我的文档"按钮，随后单击"导入生成 PPT"按钮，将复制的内容粘贴到文本框里，单击"导入创建"按钮即可，界面如图 4-18 所示。

图 4-17

图 4-18

生成结果如图 4-19 所示。

在左侧可以编辑大纲内容，PPT 会自动调整。在右侧可以选择模板或者生成图片。选择完成下载润色即可。

PPT 页面如图 4-20 所示。

图 4-19

图 4-20

部分 PPT 页面展示如图 4-21 所示。

通过 AI 快速制作 PPT 这项技术，不仅可以节省大量的时间和精力，还可以将更多的心思放在 PPT 内容策划和版面设计上，使得演示更加生动、有趣，更具有说服力。

然而，技术永远都是中性的，它的发展取决于人们如何使用它。在追求效率的同时，也要时刻铭记人类的创造力和想象力才是无可替代的。因此，在使用 AI 快速制作 PPT 的同时，也要不断思考如何融入自己的独特思维，创造出真正引人注目的作品。

图 4-21

4.5 阅读学习者：快速阅读技巧与知识获取

对于需要处理大量文献的学者和研究人员，快速而有效地吸收书籍中的关键信息是一项重要技能。ChatGPT 可以分析书籍的结构和内容，提取最关键和相关的信息，从而能够提供简洁的文本总结。以文档 *Attention Is All You Need* 为例，ChatGPT 能够准确地识别出书中的章节，并为每个章节提供核心内容的精简概述。

文档链接：https://arxiv.org/pdf/1706.03762。

文档主页面如图 4-22 所示。

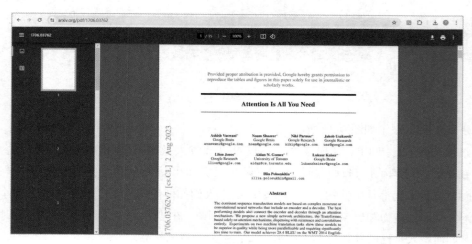

图 4-22

接下来将详细探讨使用 ChatGPT 进行快速阅读的过程。

1. 确定书籍结构

首先，利用 ChatGPT 识别书籍的整体结构。以 *Attention Is All You Need* 为例，可以使用以下提示词向 ChatGPT 提问。

请列出本 PDF 的所有章节标题。

回答结果如图 4-23 所示。

图 4-23

通过这种方式，ChatGPT 可以提供书籍的章节列表，帮助用户快速了解本书的整体框架。

2. 深入章节内容

随后，选择用户感兴趣的章节，深入探讨其内容。例如，可以使用以下提示词向 ChatGPT 询问。

深入探讨：Model Architecture，并用中文。

回答结果如图 4-24 所示。

You
深入探讨：Model Architecture，并用中文。

ChatGPT
在这篇论文中，"Model Architecture"（模型架构）这一章节详细介绍了 Transformer 模型的具体架构，这是一种完全基于注意力机制的序列到序列的转换模型，摒弃了传统的循环和卷积网络架构。以下是对这一章节的深入探讨：

编码器和解码器堆栈

Transformer 模型采用的是编码器-解码器架构。编码器包含 N 个相同的层，每层有两个子层：一个多头自注意力机制（multi-head self-attention mechanism）和一个简单的、逐位置的全连接前馈网络。解码器也包含 N 个相同的层，但在每个编码器层中的两个子层之外，还增加了第三个子层，执行多头注意力机制，关注编码器堆栈的输出。

注意力机制

- **自注意力机制**：这是一种注意力机制，可以关联序列中不同位置的输入以计算序列的表示形式。在 Transformer 中，这种机制帮助模型在任何输入位置之间直接建立全局依赖关系，从而提高了并行处理的能力，并缩短了训练时间。
- **缩放点积注意力（Scaled Dot-Product Attention）**：Transformer 采用的主要注意力形式是缩放点积注意力。这种方法在计算注意力时，会将查询（query）和所有键（keys）的点积进行缩放，并应用 softmax 函数来获取值（values）的权重。
- **多头注意力（Multi-Head Attention）**：这种机制会将注意力分成多个头，每个头处理输入的不同部分。这样可以让模型同时从不同的表示子空间中学习信息。

位置编码

由于模型中不使用任何递归或卷积层，因此需要一种方法来利用序列的顺序信息。Transformer 通过向输入嵌入中添加位置编码来实现这一点。位置编码与嵌入向量具有相同的维度，因此可以直接相加。在 Transformer 中，位置编码是使用正弦和余弦函数的不同频率来计算的。

前馈网络

在每个注意力子层之后，模型包含一个前馈网络，该网络对每个位置分别且相同地应用。这个前馈网络由两个线性变换和一个 ReLU 激活函数组成。

总的来说，Transformer 模型的这 架构通过使用多头注意力机制有效地处理了序列间的长距离依赖，显著提高了模型的训练效率和性能。此外，模型的这种设计也使得它可以并行处理数据，进一步加速了训练过程。

图 4-24

在这一步骤中，ChatGPT 会分析该章节的重要内容，并提供详细的概述，帮助用户快速掌握关键信息。

3. 详细探索关键论点

为了进一步深入理解，还可以探讨书中的特定论点或主题。例如，可以使用以下内容向 ChatGPT 询问。

Encoder 是怎么定义的？

回答结果如图 4-25 所示。

You
Encoder 是怎么定义的?

ChatGPT
在Transformer模型中，编码器 (Encoder) 的设计是实现序列转换的关键部分。它主要负责处理输入序列并将其转换为连续的表示，这些表示将被解码器进一步用于生成输出序列。以下是编码器的详细定义和组成部分:

编码器的层级结构

编码器由多个相同的层组成，每个层包括两个主要的子层:

1. **多头自注意力机制 (Multi-Head Self-Attention Mechanism)** :
- 这个机制允许编码器在处理输入序列时，考虑序列中各个位置之间的相互依赖关系。每个"头"在自注意力机制中独立地处理信息，可以把注意力分散到输入序列的不同部分，提高模型捕捉序列内多样性依赖关系的能力。
2. **逐位置的前馈网络 (Position-wise Feed-Forward Networks)** :
- 每个编码器层还包含一个前馈网络，这个网络对每个位置单独应用相同的全连接层。这意味着网络虽然对每个位置分别处理，但对所有位置使用相同的参数。前馈网络通常包含两个线性变换和一个ReLU激活函数。

连接与正则化

- **残差连接 (Residual Connection)** :
- 每个子层的输出都加上其输入，然后进行层归一化 (Layer Normalization) 。残差连接帮助避免在深层网络中出现的梯度消失问题。
- **层归一化 (Layer Normalization)** :
- 在加上残差连接后，每个子层的输出还会通过层归一化。这种归一化方法是在网络的最后面对每个输入的特征维度进行归一化，以稳定学习过程。

输入处理

- **词嵌入 (Word Embedding)** :
- 输入序列首先通过一个词嵌入层转换为固定大小的向量表示。词嵌入可以捕获语义信息和上下文信息。
- **位置编码 (Positional Encoding)** :
- 由于编码器的自注意力层不具有区分不同时间步的能力，因此需要加入位置编码来提供序列中各个元素的位置信息。位置编码可以是固定的 (如使用正弦和余弦函数生成的编码) 或是可学习的。

这样的编码器结构使得Transformer模型能够在处理序列数据时，不仅能捕捉局部信息，还能捕捉长距离的依赖关系。这种全面的输入处理能力，加上高效的并行处理特性，使得Transformer在多种自然语言处理任务中表现出色。

图 4-25

这一步帮助用户获得对特定议题更深层次的理解，同时精确捕捉书中的精髓和细节。

4. 利用ChatGPT应用知识

例如，可以使用以下提示词向 ChatGPT 提问。

根据本论文，你认为 GPT-5 相比 GPT-4，未来会更完善的是什么？

回答结果如图 4-26 所示。

You

根据本论文，你认为GPT-5 相比GPT-4，未来 会更完善的是什么?

ChatGPT

虽然我无法直接访问或预测GPT-5的具体功能或改进，但根据在Transformer模型和GPT-4等自注意力架构的进展，可以合理推测GPT-5可能会在以下几个方面实现进一步的完善：

1. **改进的注意力机制：**
   - 随着Transformer架构的不断演进，可能会出现更高效的注意力机制，比如更精细的控制注意力分布的方法，或是减少计算复杂度的策略（如稀疏注意力机制）。这将有助于模型在处理更长的文本时保持或提升效能和精度。
2. **参数效率的提高：**
   - 新一代的模型可能会通过改进模型架构来提高参数的使用效率，例如通过共享或因子分解技术减少必需的参数数量，同时保持或提升模型的表现。
3. **泛化能力和适应性：**
   - 通过更先进的训练方法和正则化技术，GPT-5可能会具备更好的泛化能力和在不同类型数据上的适应性。这包括对小样本学习的优化，使得模型能够从少量数据中快速学习新任务。
4. **多任务和多模态能力：**
   - 未来的模型可能会在处理多种任务和模态（如文本、图像、声音等）时显示出更高的灵活性和效率，支持更复杂的跨模态和多任务学习场景。
5. **更强的解释性和可解释性：**
   - 随着模型的透明度和可解释性日益受到重视，GPT-5可能会集成更多使模型决策过程可解释的机制，例如通过可视化注意力权重或引入解释性更强的网络层。
6. **更安全和道德的AI使用：**
   - 在训练和部署大规模模型的过程中，确保模型的安全性和遵循伦理标准越来越受到重视。GPT-5可能会内置更多功能以防止生成有害内容，同时提高对抗性攻击的韧性。

虽然这些都是基于现有技术趋势的推测，具体的实现和改进还需依赖于OpenAI及其研究团队在未来的研究成果。

图 4-26

通过以上步骤，利用 ChatGPT 进行快速阅读不仅节省了阅读整本书的时间，还能够更有效地吸收和理解信息。无论对学者、教育工作者还是研究人员，ChatGPT 都是不可多得的学习和研究助手。随着 AI 技术的持续发展，人们期待未来有更多类似的工具出现，以助力学术研究和知识传播。

4.6　学生备考：利用 ChatGPT 高效制订学习和备考计划

对于准备考试，每个学生都希望能找到提升学习效率的方法。面对书山题海，如何高效整合和利用手头的学习资源，成为学生们共同面临的一大挑战。而 ChatGPT 不仅能够帮助学生们优化学习策略，还能显著提高学习效率。本节将介绍 9 种通过 ChatGPT 来制订学习计划和备考策略的方法，每种方法都配备了详细的 ChatGPT 使用示例，以帮助学生们更有效地复习，迎接即将到来的考试。

1. 总结和解释笔记

ChatGPT 可以将复杂的科学理论用浅显易懂的语言重新阐述，帮助学生更好地理解和记忆。设计提示词如图 4-27 所示。

我有一篇关于量子物理的长篇学习材料，能帮我总结并用简单的要点解释吗？学习资料如下。

当我们深入探索自然的微观世界时，一种奇妙而又神秘的现象开始展现在我们面前——量子物理。这个领域蕴含着许多我们难以直观理解的概念和现象，挑战着我们对世界的认知。

在量子物理中，我们首先遇到的是波粒二象性。这一概念最早由德布罗意提出，他认为微观粒子既可以表现出波动性质，又可以表现出粒子性质。这种奇特的行为颠覆了我们对自然规律的传统认识，揭示了微观世界的复杂性。

在探索量子世界的过程中，我们也遇到了不确定性原理。海森堡提出的不确定性原理告诉我们，我们无法同时准确地确定微观粒子的位置和动量。这种固有的不确定性给我们带来了挑战，限制了我们对微观世界的认知能力。

量子力学的基本原理是薛定谔方程。这个方程描述了微观粒子的波函数随时间的演化规律，是量子力学理论的基石。通过求解薛定谔方程，我们可以得到微观粒子的能级和波函数，从而理解微观世界的运动规律。

观测与测量是量子力学中一个重要的概念。在量子世界中，观测的过程会导致量子态的坍缩，从而确定微观粒子的状态。然而，测量结果的不确定性和观测过程的干扰给我们带来了困扰，挑战着我们对量子世界的理解。

量子力学中还存在着干涉和纠缠现象。干涉现象表明微观粒子之间存在相互干涉的现象，而纠缠态则描述了两个或多个微观粒子之间的特殊关联，即使它们在空间上相隔很远。这些现象展示了量子世界的奇妙之处，挑战着我们对自然规律的理解。

在应用方面，量子力学为我们提供了许多重要的工具和方法。在基础科学研究中，量子力学的理论和实验为我们提供了深入探索微观世界的途径。在量子信息和量子计算领域，量子力学的概念和原理为我们提供了理论基础，为未来的信息技术带来了巨大的潜力和机遇。同时，在量子技术应用方面，量子密码学、量子通信和量子传感等技术已经得到了广泛的应用，为我们的生活带来了便利和安全。

总的来说，量子物理是一门深奥而又神秘的学科，它挑战着我们对自然规律的认知，同时也为我们带来了巨大的潜力和机遇。通过不断地探索和发展，我们将进一步深化对量子世界的理解，为人类的未来带来更多的可能性和机遇。

图 4-27

ChatGPT 生成的总结及解释如图 4-28 所示。

2. 记忆信息

ChatGPT 可以将学习内容转化为歌曲或笑话，不仅能增加学习的趣味性，还能提高信息的记忆效率。设计提示词及回答结果如图 4-29 所示。

这篇学习材料提供了量子物理的基本概念和核心原理的深入介绍，以下是对其内容的简单要点解释：

1. **波粒二象性**：微观粒子如电子何时展现波动性和粒子性，这一概念最早由德布罗意提出，它挑战了我们传统的自然规律认知，揭示微观世界的复杂性。

2. **不确定性原理**：由海森堡提出，这个原理表明我们无法同时精确知道一个粒子的位置和动量，这表明微观世界存在一种固有的不确定性，限制了我们对其完全认知的可能。

3. **薛定谔方程**：量子力学的核心，描述微观粒子的波函数如何随时间演变。通过了解这个方程，我们可以预测粒子的行为和状态。

4. **观测与测量**：在量子力学中，观测会导致量子态的坍缩，确定粒子的具体状态。测量过程中的干扰和结果的不确定性是量子理论中的一大挑战。

5. **干涉与纠缠**：量子干涉展示了微观粒子之间的相互作用，而量子纠缠描述了粒子间即使空间上分离也能保持的特殊联系。这些现象进一步强调量子世界的非直观性。

6. **应用领域**：量子力学不仅推动了基础科学的研究，还在量子计算、量子通信等领域提供了理论基础，带来了前所未有的技术潜力和应用前景。量子技术如量子密码学和量子传感等已经开始应用于实际生活中，提高了便利性和安全性。

总结来说，量子物理是一门挑战传统科学认知的学科，它不仅加深了我们对自然规律的理解，也为技术进步开辟了新的路径。

图 4-28

请用一首有趣的歌曲帮我记住光合作用的过程。

好的，我为你创作一首关于光合作用的有趣歌曲，帮助你记忆这个过程：

【副歌】
光合作用，自然魔法，
太阳亲吻，叶绿细胞发芽。
二氧化碳来，水分一起玩，
绿叶小厨房，造出糖和氧气。

【第 一 节】
阳光下，叶子在呼吸，
氧气外送，糖分就这里。
叶绿体闪闪发光，
把阳光变能量，不停不忘。

【副歌】
光合作用，自然魔法，
太阳亲吻，叶绿细胞发芽。
二氧化碳来，水分一起玩，
绿叶小厨房，造出糖和氧气。

【第二节】
根吸水，叶交换气，
光合强力，生命力基石。
叶脉像是高速公路，
送来送去，精彩无数。

【副歌】
光合作用，自然魔法，
太阳亲吻，叶绿细胞发芽。
二氧化碳来，水分一起玩，
绿叶小厨房，造出糖和氧气。

【桥段】
每一天，绿色的奇迹，
自给自足，大自然的力。
我们呼吸所需的氧，
全靠绿叶，把爱转换。

【副歌】
光合作用，自然魔法，
太阳亲吻，叶绿细胞发芽。
二氧化碳来，水分一起玩，
绿叶小厨房，造出糖和氧气。

希望这首歌能让光合作用的过程更加生动有趣，也更容易记忆！

图 4-29

3. 获取写作建议

ChatGPT 可以给学生提供写作修改建议，从而提升作业质量和学术写作技能。提示词及改进建议如图 4-30 所示。

> 这是我的人工智能论文草稿，请提供一些建议来提高我的写作质量，并给我改进后的文章。
>
> 人工智能：当代科技的重要发展
> AI已经在各个领域展现出了巨大的潜力。本文将简要探讨人工智能的发展历程及其可能的影响。
> 我们来看看人工智能的起源。人工智能的概念可以追溯到上个世纪的计算机科学领域，当时科学家们开始研究如何使计算机模拟人类智能。
> 人工智能有应用前景。例如，机器学习算法的出现使计算机能够从数据中学习和改进，这为人工智能的发展带来了新的动力。然而，人工智能的发展也面临着诸多挑战，例如数据隐私和算法偏见等问题。
> 人工智能的发展对社会和经济产生了深远影响。在工业领域，人工智能可以提高生产效率和产品质量，从而推动经济增长。在医疗领域，人工智能可以帮助医生进行诊断和治疗，提高医疗水平。然而，人工智能的广泛应用也引发了一些担忧，例如人类失业和数据滥用等问题。
> 人工智能发展仍面临着诸多挑战和限制。例如，人工智能算法的不透明性使其难以理解和解释，这给决策者带来了困扰。此外，人工智能的发展也受到资源和道德约束的限制。
> 人工智能是当代科技的重要发展之一，它对人类社会的发展产生了深远影响。人工智能的发展仍面临诸多挑战和限制，需要我们共同努力解决。通过不断地探索和创新，我们相信人工智能将为人类社会的进步和发展带来更多的机遇和挑战。

这篇论文的主题非常吸引人，但是有几个方面可以改进以提升写作质量和文章的深度：

1. **引言部分**: 你的开头可以更具吸引力。试着用一个引人入胜的事实、统计数据或引用来开始，这能够立即抓住读者的注意力。

2. **结构和组织**: 文章结构看起来有些散乱。尝试使用更清晰的小标题来划分各个段落，比如"人工智能的起源"，"当前应用与挑战"，"未来展望"等，这将帮助读者更好地理解和跟踪你的讨论。

3. **内容深度**: 在每个部分中加入更具体的例子或案例研究。例如，在探讨人工智能在医疗领域的应用时，可以具体说明哪些AI系统被用于诊断哪些疾病，这样的具体内容会使你的文章更加丰富和有说服力。

4. **关键挑战**: 当提到挑战时，可以详细探讨一两个特定问题，如算法偏见，并探讨目前学界和业界是如何应对这些挑战的。

5. **结论**: 你的结论可以更加强调人工智能未来的潜力和重要性，同时提出一些具体的行动建议或研究方向，让读者有所启发。

图 4-30

它还给出了改进后的参照结果，具体内容如图 4-31 所示。

下面是根据这些建议改进后的文章草稿：

人工智能：当代科技的重要发展

人工智能（AI）已成为当今世界科技进步的核心驱动力之一。本文将探讨AI的发展历程、当前的应用及未来可能面临的挑战和机遇。

人工智能的起源

人工智能的概念源于20世纪中叶，当时的科学家们尝试让机器模拟人类的决策过程。最早的尝试包括艾伦·图灵的"图灵测试"，用以评估机器是否能展现与人类相似的智能。

当前应用与挑战

AI的应用现已渗透到工业自动化、医疗诊断、金融服务等多个领域。例如，在医疗领域，AI系统如IBM的Watson已被用来辅助诊断癌症。然而，随着应用的深入，数据隐私和算法偏见等问题也日益凸显。

未来展望

尽管存在挑战，AI的未来充满希望。我们需要通过立法、教育和技术创新来解决这些问题。例如，开发更透明的算法和加强数据保护措施，以建立公众对AI技术的信任。

结论

人工智能不仅是当代科技的重要发展，更是推动人类社会进步的关键力量。通过不断的探索和创新，我们有理由相信，AI将在未来带来更多机遇与挑战。

希望这些建议对你有所帮助！如果你有任何特定的部分需要进一步的改进或详细讨论，请告诉我！

图 4-31

4. 测试知识掌握程度

ChatGPT 可以根据提供的学习内容制订相关的练习题，帮助学生检验学习成果。设计提示词及回答结果如图 4-32 所示。

5. 获得灵感

ChatGPT 可以辅助激发学生的创造思维，找到独特且有吸引力的论文主题。设计提示词及回答结果如图 4-33 所示。

基于我刚学过的《梁山伯与祝英台》戏剧，能出几个练习题测试我的理解吗？

当然可以！这里有一些练习题来帮助你测试对《梁山伯与祝英台》戏剧的理解：

1. **角色分析题**：描述梁山伯和祝英台的性格特点，并讨论他们之间的关系是如何随剧情发展而变化的。

2. **情节理解题**：梁山伯是如何发现祝英台其实是女性的？这个发现对他们的关系有什么影响？

3. **象征主义分析题**：分析戏剧中"蝴蝶"的象征意义。它如何反映了主要角色的爱情故事？

4. **文化背景题**：探讨《梁山伯与祝英台》如何反映了当时中国社会对女性教育和婚姻自由的态度。

5. **批判思维题**：如果你是导演，你会如何重新演绎这个故事使之适应现代观众？你会保留哪些元素，改变哪些元素？

通过这些题目，你可以更深入地理解剧本内容和背后的文化意义。

图 4-32

我需要写一篇关于全球气候变化的论文，可以给我一些有趣的写作角度吗？

写作关于全球气候变化的论文时，你可以选择一些独特和引人入胜的角度来吸引读者。这里有几个有趣的角度供你考虑：

1. **历史视角**：探索过去气候变化事件（如小冰期）对社会、经济和文化的影响，并将这些历史事件与当前的气候变化挑战进行比较。

2. **地理差异**：分析不同地理区域如何以不同的方式经历和响应气候变化。例如，海岛国家与内陆国家的挑战和适应策略的对比。

3. **经济影响**：研究气候变化对全球经济的具体影响，包括农业产量、保险业、房地产市场以及国际贸易。

4. **技术革新**：探讨科技创新如何帮助缓解气候变化，包括可再生能源技术、碳捕集与存储技术、以及智能城市的发展。

5. **政策与治理**：分析不同国家和地区的气候政策和治理模式，以及这些政策如何影响国际合作和气候正义。

6. **文化与社会动力学**：研究气候变化如何影响文化身份、迁移模式和社会结构，以及这些变化如何进一步影响气候政策的制定和执行。

7. **未来预测**：利用现有数据和模型，探讨未来几十年全球气候可能的变化趋势，以及这些变化对人类居住环境和自然生态系统的潜在影响。

8. **心理和行为科学**：研究气候变化对个体心理和行为的影响，以及如何通过心理和社会干预来增强人们对气候行动的参与和承诺。

选择一个或几个角度，根据你的兴趣和可用资源进行深入研究，可以让你的论文更加丰富和引人注目。

图 4-33

6. 创建学习计划

ChatGPT 可以制订详细的学习计划，帮助学生更高效地安排时间，确保每个科目的充分准备。设计提示词及回答结果如图 4-34 所示。

> 我的期末考试是六周后，我需要一个详细的学习计划，包括"语文、数学、英语、物理、化学、生物、政治、历史、地理"九个科目，为我规划好每一周的时间分配

🜲 ❑ 记忆已更新

为了帮你高效准备期末考试，我们可以把六周的时间分成两个阶段：前四周用于系统复习和巩固，最后两周专注于模拟考试和弱点强化。每个科目都要有平衡的时间分配。这里是一个可能的学习计划：

第1周至第4周：系统复习

- **每天学习时间**：至少6小时，可以分成3个2小时的学习块。
- **时间分配**：
  - **语文、英语**：每周3小时（阅读理解和写作练习）
  - **数学**：每周6小时（解题技巧和公式复习）
  - **物理、化学**：每周各4小时（概念复习和问题解决）
  - **生物**：每周4小时（重点章节复习）
  - **政治、历史、地理**：每周各3小时（重点事件和概念记忆）

第5周：模拟考试

- **每天学习时间**：至少8小时，模拟真实考试环境。
- **时间分配**：每个科目至少完成一次全面的模拟考试，用以检测知识掌握情况。

第6周：弱点强化和复习

- **每天学习时间**：至少7小时，专注于错误题目的复习和弱点强化。
- **时间分配**：根据模拟考试的结果，增加时间在你最弱的科目上。

每日建议

- **早上**：处理较难的科目，如数学和物理。
- **下午**：复习文科和概念较重的科目，如政治和历史。
- **晚上**：进行英语和语文的阅读与写作练习。

周末加强

- 可以安排每周六进行一次综合性模拟测试，周日复习错题和不熟悉的内容。

确保你的学习环境适合长时间的学习，并且保持良好的作息时间。这样的学习计划可以帮助你全面准备，逐步提高自己在各个科目上的表现。希望这个计划能帮助你有效地准备你的期末考试！

图 4-34

7. 整理笔记

ChatGPT 能够根据提供的主题输出结构化的笔记，帮助学生整理和归纳学习资料。设计提示词及回答结果如图 4-35 所示。

我正在学习计算机基础知识，你能帮我整理出这个主题的关键点和笔记吗？

学习计算机基础知识是个很好的起点，它会帮助你理解更复杂的概念和技能。以下是一些关键的计算机基础知识主题及其简要介绍：

1. **计算机硬件基础**

   - **CPU（中央处理器）：** 计算机的大脑，负责执行程序指令。
   - **内存：** 临时存储空间，存放当前正在运行的程序和数据。
   - **硬盘：** 长期存储设备，用于保存程序、文件等数据。
   - **输入设备：** 如键盘和鼠标，用于用户输入数据。
   - **输出设备：** 如显示器和打印机，用于展示结果。

2. **软件和操作系统**

   - **操作系统：** 管理计算机硬件与软件资源的程序，例如Windows、MacOS和Linux。
   - **应用软件：** 完成特定任务的程序，如文字处理、表格计算等。

3. **基本网络概念**

   - **互联网：** 全球计算机网络，使得计算机可以相互连接和交换数据。
   - **IP地址：** 互联网上每个设备的唯一标识。
   - **网络协议：** 计算机通信的规则集合，如TCP/IP。

4. **数据存储和管理**

   - **文件系统：** 管理存储在硬盘上的数据的方法。
   - **数据库：** 系统地组织、存储和管理大量数据的软件。

5. **基础编程概念**

   - **编程语言：** 用来编写软件程序的语言，如Python、Java和C++。
   - **算法：** 解决问题的明确步骤。
   - **数据结构：** 有效组织和存储数据的方式，如数组、链表和树。

6. **安全基础**

   - **网络安全：** 保护计算机网络和数据免受未授权访问和攻击。
   - **数据加密：** 保护数据安全的技术，通过转换数据为另一形式来隐藏其原始内容。

每个主题都可以进一步深入学习，建议根据个人兴趣和专业需求选择适合的学习路径和深度。希望这些信息对你有帮助！如果需要详细讲解任何特定主题或有其他问题，随时告诉我。

图 4-35

8.　考试复习

ChatGPT 能帮助学生找到难点并进行集中复习，加深关键概念的理解。设计提示词及回答结果如图 4-36 所示。

> 请为即将到来的微积分考试提供一些复习重点和概念解释。

微积分是数学中一个关键的分支，主要包括导数、积分和极限等概念。以下是为你即将到来的微积分考试提供的一些复习重点和概念解释：

1. **极限（Limits）**

   - **定义**：当一个变量逼近某个值时，函数可能会接近的特定值。
   - **关键概念**：左极限、右极限、无穷小的概念。
   - **重要定理**：夹逼定理，洛必达法则（用于0/0和∞/∞形式的不定式）。

2. **导数（Derivatives）**

   - **定义**：导数表示函数在某一点的瞬时变化率，或斜率。
   - **基本规则**：和规则、积规则、商规则、链式法则。
   - **应用**：求函数的切线、优化问题（最大值和最小值）、运动的速度和加速度。

3. **积分（Integrals）**

   - **不定积分**：寻找一个函数的原函数，反导数。
   - **定积分**：计算函数在特定区间上的累积总和，可以用来计算面积和体积。
   - **基本积分公式**：例如 $\int x^n \, dx = \frac{x^{n+1}}{n+1} + C$（对于 $n \neq -1$）。
   - **数值方法**：例如梯形法则和辛普森法则，用于计算定积分的近似值。

4. **序列与级数（Sequences and Series）**

   - **序列的极限**：序列的行为随着项数趋向无限。
   - **无穷级数**：项的和，特别是幂级数和泰勒级数。
   - **收敛性测试**：比较检验、积分检验、比值检验和根检验。

5. **多元微积分**

   - **偏导数**：函数相对于多个变量的导数。
   - **梯度、散度和旋度**：向量分析中的重要概念，与物理学中的许多应用相关。
   - **重积分**：在多维空间中的积分，例如计算体积或质心。

复习时，你可以通过做大量的练习题来增强对这些概念的理解和应用能力。同时，理解每个概念背后的数学理论也是至关重要的，这可以帮助你在考试中更好地应对不同类型的问题。如果有具体的问题或需要更深入的解释，随时可以问我！

图 4-36

9. 学习编程

对于学习编程的学生，ChatGPT 可以提供入门指导、示例代码和解决编程问题的帮助。设计提示词及回答结果如图 4-37 所示。

我是编程新手，能给我一个Python基础的简介和一些初学者练习吗？

🧠 记忆已更新

当然可以！Python是一个非常受欢迎的编程语言，因为它简洁易读，适用于从数据分析到网站开发等多种应用。下面是一些Python基础的简介和一些适合初学者的练习：

Python基础简介

1. **变量和数据类型：**

   - **变量**用于存储信息，例如 `x = 5`。
   - **数据类型**包括整数（int）、浮点数（float）、字符串（str）和布尔值（bool）等。

2. **基本运算：**

   - 加（+）、减（-）、乘（*）、除（/）、整除（//）、余数（%）、幂（**）等。

3. **控制流程：**

   - **条件语句：**使用 `if`、`elif` 和 `else` 来根据不同条件执行不同代码块。
   - **循环：**`for` 循环和 `while` 循环用于重复执行代码块。

4. **函数：**

   - 使用 `def` 关键字定义函数，用来封装代码块，便于重复使用和组织代码。

5. **列表和字典：**

   - **列表**（list）是一个有序的数据集合，例如 `[1, 2, 3]`。
   - **字典**（dict）是一个键值对集合，例如 `{'name': 'Alice', 'age': 25}`。

初学者练习

1. **Hello World：**

```python
print("Hello, world!")
```

2. **计算器：**

   - 创建一个可以执行基本运算（加、减、乘、除）的程序。

3. **猜数字游戏：**

   - 生成一个随机数让用户猜，根据用户的输入给出提示（太高、太低、正确）。

4. **函数练习：**

   - 写一个函数，接收两个参数，返回它们的和。

5. **列表和循环：**

   - 创建一个列表，用 `for` 循环遍历并打印每个元素。

6. **字典应用：**

   - 创建一个字典，存储一些数据（如人员名单及其年龄），并遍历字典显示每一项。

这些基础和练习将帮助你开始Python编程之旅。当你逐渐熟悉这些基础知识后，你可以尝试更复杂的项目和概念。祝你编程学习顺利！如果你有任何问题或需要更多练习，请随时告诉我。

图 4-37

通过上述方法，学生可以利用 ChatGPT 这一强大的 AI 工具，优化学习过程，提高学习效率。无论是整理笔记、深化理解还是进行考试准备，ChatGPT 都能提供必要的支持，使学习既高效又有趣。

第 5 章　AI 驱动职业技能升级

5.1　营销专员：AI 营销文案策略优化

如今的营销环节中，广告投放和市场推广不再是简单粗放的，而是智能精准的。AI 技术，尤其是机器学习和大数据分析技术，正在重新定义营销文案的制作和优化方式。本节将探索 AI 如何助力营销专员通过数据驱动的策略显著提升品牌影响力和销售效果，进而开启营销工作的新篇章，AI 技术可以帮助营销专员实现以下方面的有效提升。

营销文案。借助 AI 技术，制订高广告投入回报的营销文案策略，提升品牌影响力和销售效果。营销文案的制订对于营销专员至关重要。利用 AI 技术，营销专员可以制订高广告投入回报的营销文案策略，从而提升品牌影响力和销售效果。

数据驱动。AI 可以通过分析大数据，了解目标受众的喜好、行为和购买习惯，从而为营销文案的制订提供数据支持。基于数据分析的结果，AI 能够指导营销专员选择合适的文案内容和推广渠道，以提高营销效果。

个性化推荐。AI 可以根据用户的个性化偏好和行为历史，自动生成个性化的营销文案，再通过个性化推荐，让营销专员更好地吸引目标受众的注意力，提高文案的点击率和转化率。

情感分析。AI 可以对文案内容进行情感分析，了解其中蕴含的情感倾向和情感诉求。通过情感分析，营销专员可以优化文案的情感表达，使内容更具感染力和亲和力，增强受众的共鸣和认同感。

实时优化。AI 可以实时监测营销文案的表现，并根据反馈数据进行实时优化。通过不断地分析和调整，AI 能够帮助营销专员及时发现并解决文案中的问题，从而提高营销效果和广告投入回报。

通过利用 AI 营销文案策略优化，营销专员可以更有效地制订营销方案，提升品牌影响力和销售效果，从而实现业绩增长，完成营销目标。

下文介绍 ChatGPT 在业务管理中的应用：日常运营助手。

如今 AI 的应用正在改变着传统的营销模式。随着智能助手的日益普及，企业和个人开始将其引入到日常运营中，以更好地满足用户需求，实现营销目标。而今，让我们一同踏入这个新颖而又充满潜力的领域，探索 AI 在营销中的创新应用。

下面用一个具体的案例来说明以上内容，假设现在要写一个中药面膜的分享文案，要有讨论、有分享。利用 AI 来撰写这个文案。

输入如下提示词。

我是一个小红书博主，想做一期中药植物面膜分享，要求幽默风趣，周期一个月，每周 3～4 条，要有分享，有讨论，不要软文，营销风格不要太重。

ChatGPT 很快就生成了方案，回答结果如图 5-1 所示。

第一周：

1. **《中药面膜的奇妙之旅》**
   内容简介：分享一次自己尝试中药面膜的趣味经历，如何从一个"中药面膜小白"变成了"中药面膜达人"。

2. **《你知道的中药面膜可能都是错的》**
   内容简介：讨论市面上一些误导消费者的中药面膜概念，用幽默的方式揭露这些误区。

3. **《面膜DIY：用中药材料打造专属面膜》**
   内容简介：分享一些简单的中药面膜DIY方法，同时邀请粉丝分享他们的DIY经验。

第二周：

1. **《中药面膜的历史：从古至今的美容秘诀》**
   内容简介：以幽默的方式讲述中药面膜的历史，如何从古代宫廷传到现代。

2. **《中药面膜大比拼：哪一款最适合你？》**
   内容简介：介绍几款不同的中药面膜，通过幽默的方式比较它们的效果，同时邀请粉丝投票选择他们最喜欢的面膜。

3. **《中药面膜误区：你可能还在这样做》**
   内容简介：讨论一些关于中药面膜的常见误区，用幽默的方式纠正这些误区。

图 5-1

这也太古板了。所以需要给 ChatGPT 解释一下，小红书是什么样子的。因此输入如下内容。

请为一个小红书博主设计一篇关于中药植物面膜的营销文案。这篇文案的核心创意是通过对比健身教练和宅女的两种完全不同的生活方式，展示中药植物面膜如何满足其各自的肌肤滋养需求。文案要求以幽默风趣的方式呈现，能够引起都市白领女性的共鸣。内容周期为一个月，每周发布 3～4 条，既要有分享也要有讨论。同时，文案需要避免过于明显的软文和营销风格，更多地突出真实体验和产品效果。文案采用"对比文案"框架。注意多使用小红书 emoji 风格。

回答结果如图 5-2 所示。

标题: 🏋白天的健身教练，🌙晚上的宅女：中药植物面膜陪我过每一个时刻🌿

⚙**白天**：作为一名健身教练，我每天都要面对汗水、努力和挑战。每一个深蹲、每一次冲刺，都是我对健康生活的执着。但在这背后，我的肌肤也承受着巨大的压力。🏋中药植物面膜，在每一次的锻炼后，都为我带来了深层的修复和滋养，让我的肌肤始终保持在最佳状态。

🌙**晚上**：当夜幕降临，我脱下教练的身份，变成了一个彻头彻尾的宅女。躺在沙发上，看着喜欢的剧，吃着零食，敷着🌿中药植物面膜，这是我最享受的时刻。面膜为我的肌肤带来了深层的滋养和放松，让我在享受宅家乐趣的同时，也能拥有水润光滑的肌肤。

💬**分享**：无论是在健身房还是在家，🌿中药植物面膜都是我的最佳伴侣。它陪伴我度过每一个时刻，让我无论在哪里，都能感受到肌肤的舒适和滋养。

📢**互动**：你有没有像我这样，既有运动狂的一面，又有宅家的时刻？快来分享你的故事，和我一起探索🌿中药植物面膜的魅力！

图 5-2

ChatGPT 也能够紧跟时代写出符合都市白领女性的营销文案了。

本节见证了创意与技术的完美结合，也领略到了营销的无限可能。正如小红书博主通过 ChatGPT 所呈现的营销文案，以幽默风趣的方式吸引了都市白领女性的目光，展现了产品的独特魅力。

5.2 求职者：AI 简历优化与求职技巧提升

拥有有效职业规划和精致简历的求职者在当今竞争激烈的职场环境中有很大的竞争优势。本节将阐释传统职业规划的局限，并介绍如何利用 AI 技术来突破这些局限，以及提供更为翔实的指导和例子。

1. 传统职业规划的局限性

传统职业规划往往受到专业、经验和隐私等方面的限制。专业限制可能导致个人在职业选择上缺乏多样性，难以跨行业发展；经验限制则可能使得人们在职业发展过程中陷入舒适区，不愿意尝试新的角色或领域；而隐私限制则可能导致咨询者在与规划师交流时保持保守心态，不敢敞开心扉。

2. AI在职业规划和简历指导中的应用

AI 技术为职业规划和简历指导带来了新的机遇。通过使用智能算法和自然语言处理技术，AI 工具可以提供更加个性化、精准的建议和指导，帮助个人实现职业发展和求职目标。

3. 自助式职业规划与简历指导

在进行自助式职业规划和简历指导时，借助 AI 工具（如 ChatGPT），可以获得定制化的建议和指导。例如，一个前端程序员可以通过与 ChatGPT 交互，制订未来 3 ~ 5 年的职业规划，明确目标和行动计划。

4. 详细的简历撰写指导

简历是求职过程中的关键文档，而 AI 可以帮助求职者撰写更为精准、吸引人的简历。举例来说，ChatGPT 可以根据求职者的背景和目标，提供个性化的简历模板和内容建议，突出其专业技能和经验，增加简历的吸引力和竞争力。

用一个前端程序员的例子来演示这个技巧的实操，现在让 ChatGPT 生成一份简历。注意，为了让简历丰富，明确指出简历打印出来至少得用两页 A4 纸，设计提示词及回答结果如图 5-3 所示。

> 假入你是一个前端程序员职业规划咨询师，现在我是一个3-5年的前端，帮我写一份简历，要体现我的专业性和经验丰富，大概 打印2两页A4纸的内容。

⊛　要写一份突显专业性和经验丰富的简历，以下是一个大致的结构和内容建议：

个人信息

- 姓名：张三

- 联系电话：XXX-XXXX-XXXX

- 邮箱：your.email@example.com

- LinkedIn/GitHub链接（如有）

职业目标

- 在互联网金融领域进一步发展，运用前端技能推动用户体验优化和数据可视化。

教育背景

- 本科学位，计算机科学或相关专业，XXXX大学，XXXX年

工作经历

前端主管 | XXX互联网金融公司 | XXXX年 - 至今

- 领导前端团队，负责项目规划和技术架构设计。

- 设计和开发数据可视化仪表板，提升用户交互体验。

- 优化现有前端性能，使加载速度提升30%。

- 与后端团队紧密合作，确保数据交互的流畅性。

前端开发工程师 | XXX公司 | XXXX年 - XXXX年

- 参与多个项目的前端开发，使用VUE和ECharts进行数据展示。

- 实施响应式设计，确保在不同设备上的用户体验一致。

- 编写高质量的代码，实施代码审查和持续集成流程。

图 5-3

后续结果如图 5-4 所示。

技能

- **前端框架：** VUE, React
- **数据可视化：** ECharts, D3.js
- **工具：** Git, Webpack, Figma
- **语言：** HTML, CSS, JavaScript, TypeScript

项目经验

- **数据分析仪表板**
  - 使用VUE和ECharts创建动态仪表板，实时展示用户数据。
  - 负责前端架构设计和性能优化，实现数据的快速加载。
- **响应式电商平台**
  - 设计并实现响应式网页，提升用户转化率15%。
  - 与设计团队密切协作，确保品牌一致性。

证书

- 前端开发专业认证（如有）
- 数据可视化相关课程（如有）

自我评价

- 热衷于技术创新和持续学习，善于团队合作，具备良好的沟通能力和问题解决能力。

根据个人经历调整内容，确保格式整齐美观，适合打印。希望这个框架对你有帮助！

图 5-4

在确认 ChatGPT 给出的框架能够满足用户需求的时候，接着给 ChatGPT 提供详细信息，完善整个简历内容。设计提示词及回答结果如图 5-5 所示。

你给的框架很好，我叫张三，擅长的是VUE和echarts，在互联网 互联网金融公司工作，擅长数据可视化，是前端主管。过去5年换了2份工作，从前端开始，做到了前端主管，根据我提供的信息，将模板代入真实的资料，如果我没提供的，你可以自己编，对了项目经验要写的丰富和出彩，项目你可以自己创造。

🧠 记忆已更新

张三

联系信息

- 电话：138-XXXX-XXXX
- 邮箱：zhangsan@example.com
- LinkedIn：linkedin.com/in/zhangsan
- GitHub：github.com/zhangsan

职业目标

在互联网金融领域进一步发展，运用前端技能推动用户体验优化与数据可视化。

教育背景

- 本科学位，计算机科学，清华大学，2018年

工作经历

前端主管 | XX互联网金融公司 | 2021年 - 至今

- 领导前端团队，制定技术标准与开发流程，提高团队效率30%。
- 主导开发多款数据可视化产品，使用VUE和ECharts，实现复杂数据的可视化展现。
- 负责系统架构设计，优化性能，使加载时间缩短40%。
- 定期组织技术分享，提升团队整体技术水平。

前端开发工程师 | XX科技公司 | 2018年 - 2021年

- 参与多个金融产品的前端开发，负责实现用户交互界面。
- 运用VUE和ECharts开发数据报告系统，使用户能实时查看投资回报。
- 实施响应式设计，确保跨设备的一致用户体验，提升用户满意度15%。
- 协助测试和部署前端应用，维护代码质量。

图 5-5

后续内容如图 5-6 所示。

ChatGPT 还可以为用户做一个职业规划，当然职业规划的目标工作和预期薪资还是需要用户自己制订的，可以让 ChatGPT 试一下，设计提示词及回答结果如图 5-7 所示。

项目经验

实时投资数据可视化平台

- 项目描述：为用户提供实时的投资数据分析和可视化。

- 技术栈：VUE, ECharts, WebSocket。

- 责任：设计和实现动态仪表盘，实时更新数据展示，提升用户决策效率。通过数据分析，帮助用户识别市场趋势。

智能风险控制系统

- 项目描述：基于用户行为分析，构建风险控制机制。

- 技术栈：VUE, Vuex, D3.js。

- 责任：设计前端界面，实现用户行为的实时监控与数据可视化，降低风险损失率20%。

响应式金融服务平台

- 项目描述：开发一款支持多设备访问的金融服务平台。

- 技术栈：VUE, Bootstrap, Axios。

- 责任：负责前端框架搭建和页面开发，优化加载性能，确保移动端与桌面端一致性，提升用户转化率。

技能

- **前端框架：** VUE, React

- **数据可视化：** ECharts, D3.js

- **工具：** Git, Webpack, Figma

- **语言：** HTML, CSS, JavaScript, TypeScript

证书

- 前端开发专业认证（2020年）

- 数据可视化专家证书（2022年）

自我评价

热衷于技术创新和持续学习，具备良好的沟通能力和团队合作精神，致力于为用户创造卓越的体验。

希望这个简历能够充分展示你的专业性和丰富经验！

图 5-6

> 我目前工资在18K，我想通过3年的时间，工资到达30K，加入你只是资深前端架构师和前端职业规划咨询师，根据我的情况，给我设计一个3年的职业规划。

⑤　📝 记忆已更新

3年职业规划

目标

- **短期目标（1年内）**：提升专业技能，争取在当前职位中获得晋升，达到25K的薪资水平。
- **中期目标（2年内）**：成为资深前端开发者，积累项目管理经验，薪资达到28K。
- **长期目标（3年内）**：晋升为前端架构师，薪资达到30K。

具体步骤

第一年：技能提升与职业发展

1. **学习与认证**
   - 深入学习VUE和ECharts的高级用法，参加相关培训和认证。
   - 学习TypeScript，提升代码质量和可维护性。

2. **项目经验**
   - 主动申请参与更多高复杂度的项目，特别是涉及架构设计和性能优化的项目。
   - 在项目中承担更多责任，例如项目负责人或技术指导。

3. **软技能提升**
   - 加强沟通能力，尤其是与团队和其他部门的协作。
   - 参加行业会议或技术分享，建立个人品牌和人脉。

4. **薪资提升**
   - 在年度评估中，展示个人贡献和成果，争取薪资提升至25K。

图 5-7

后续内容如图 5-8 所示。

第二年：向资深前端开发者迈进

1. **架构设计**

   - 学习前端架构的设计原则与模式，理解大型项目的结构。

   - 参与架构设计相关的培训课程，掌握微前端等新技术。

2. **团队管理**

   - 如果有机会，开始管理小团队或负责指导新员工。

   - 了解项目管理工具和方法，提高项目的交付效率。

3. **继续学习**

   - 学习其他前端框架（如React），拓宽技术视野。

   - 了解后端技术，掌握前后端协作的重要性。

4. **薪资提升**

   - 在工作表现出色的基础上，争取薪资提升至28K。

第三年：晋升为前端架构师

1. **获得相关证书**

   - 考虑获得前端架构师或相关领域的认证，增强专业性。

2. **全栈知识**

   - 学习基本的后端知识，掌握API设计与数据库操作，提升全栈能力。

3. **技术领导**

   - 在项目中承担架构设计的职责，提出技术方案并推动实施。

   - 定期分享技术知识，增强团队的技术实力。

4. **职业发展**

   - 申请内部晋升为前端架构师，或寻找其他公司相关职位。

5. **薪资提升**

   - 达成目标，薪资达到30K。

持续评估

- 每6个月评估一次个人职业发展，及时调整计划以适应变化。

- 收集反馈，识别自己的强项和待提升的领域，持续改进。

通过系统的规划和努力，相信你能实现薪资目标！

图 5-8

整体思路都是很好的，但是这个规划不够清晰，可能是时间跨度有点大，那就把三年调整为一年，规定时间按照自然月为单位，设计提示词及生成结果如图 5-9 所示。

整体思路没问题，以月为单位，给我一个1年内的职业规划。

1年内职业规划（以月为单位）

第1-3个月：技能提升与基础打牢

1. **学习与认证**
   - 每周安排至少5小时学习VUE和ECharts的高级功能，注册在线课程或阅读相关书籍。
   - 完成至少一门TypeScript的在线课程，开始在项目中实践。

2. **项目参与**
   - 在当前项目中，主动承担重要模块的开发，争取技术上突破。
   - 定期与团队讨论，收集反馈以优化代码质量。

3. **软技能提升**
   - 每月参加一次技术分享会或线上研讨会，积极发言并记录收获。

第4-6个月：项目实践与经验积累

1. **项目经验**
   - 主动申请参与复杂项目的开发，特别是涉及数据可视化的部分。
   - 在项目中负责设计和实现关键功能，记录项目的技术挑战和解决方案。

2. **团队协作**
   - 每月组织团队内部的技术分享，分享自己在学习和项目中的新发现。
   - 与产品经理、设计师密切合作，提升跨部门沟通能力。

3. **职业反馈**
   - 每月与直属领导进行一次反馈会议，了解自己在团队中的表现和成长方向。

图 5-9

后续结果如图 5-10 所示。

第7-9个月：深入技术与领导能力培养

1. **架构与设计**

   - 学习前端架构设计原则，参加相关的在线课程。

   - 每月阅读一本与架构设计相关的书籍，并撰写学习笔记。

2. **管理能力**

   - 如果机会允许，开始指导新员工，分享自己的开发经验。

   - 参与项目的技术评审会议，提出建设性的建议，提升影响力。

3. **行业交流**

   - 每两个月参加一次行业会议或网络研讨会，建立人脉并获取行业动态。

第10-12个月：总结与目标设定

1. **成果展示**

   - 准备年度工作总结，展示自己在项目中的贡献和技术提升。

   - 向领导展示新学习的技能如何应用于实际项目中，争取薪资调整。

2. **薪资谈判**

   - 在年度评估中，基于成果和学习的进展，提出薪资调整申请，目标达到25K。

3. **未来规划**

   - 制定下一年的职业发展计划，明确目标，包括成为资深前端开发者的路径。

持续跟踪

- 每月底回顾当月目标完成情况，调整下月计划。

- 定期记录学习和项目进展，以便于年末总结和反思。

通过每月的努力和积累，相信你可以为实现职业目标打下坚实的基础！

图 5-10

　　ChatGPT 做得非常好，可以继续细化这个规划，这次以周为单位，用表格的形式让 ChatGPT
输出，设计提示词及回答结果如图 5-11 所示。

你的思路非常好！我想按照你的月度规划来，现在我想先以3个月为期，
一周为单位，你帮我想想每周我具体做什么，给我提供一个表格，
1.2.3.这样一条条列出来，方便我跟随和检查进度。

当然可以，以下是为期3个月的每周具体规划表格，便于你跟随和检查进度。

周数	具体任务
第1周	1. 注册VUE和ECharts的高级在线课程，制定学习计划。 2. 学习VUE基础知识，完成相关章节。 3. 开始阅读关于TypeScript的书籍，学习基础语法。
第2周	1. 每周至少学习5小时VUE高级特性，记录学习笔记。 2. 在项目中使用VUE的组件化开发，完成一个小模块。 3. 参加一次线上技术分享会，积极参与讨论。
第3周	1. 深入学习ECharts的使用，尝试制作简单的数据可视化图表。 2. 在团队内分享学习VUE的心得，争取反馈。 3. 实践TypeScript，尝试将项目中的JavaScript代码转换为TypeScript。
第4周	1. 完成VUE和ECharts课程的前半部分，准备小测验。 2. 加入前端开发相关的在线社区，参与讨论。 3. 与团队讨论项目进展，寻求反馈和改进建议。
第5周	1. 完成VUE和ECharts课程的后半部分，整理笔记。 2. 在当前项目中参与复杂功能的开发，争取承担更多责任。 3. 继续实践TypeScript，提交代码进行审核。

图 5-11

后续结果如图 5-12 所示。
　　在不断变化的职场中，持续的个人职业发展是不可或缺的。通过 AI 的支持，职业规划和简
历撰写不再是孤立或一次性的事件，而是一个持续的过程。AI 工具如 ChatGPT 可提供个性化建
议和实时更新，确保每位求职者都能随时调整其职业策略以适应市场变化，将职业发展的潜力
最大化地发挥出来。

第6周	1. 完成一项ECharts相关的项目任务，记录技术难点及解决方案。
	2. 定期与领导进行反馈会议，讨论进展和职业目标。
	3. 参加一次线下或线上技术会议，扩展人脉。
第7周	1. 学习前端架构设计原则，参加相关的在线课程。
	2. 开始设计一个小型项目，运用所学知识进行架构设计。
	3. 每周与团队分享一次技术进展，增强团队协作。
第8周	1. 阅读与架构设计相关的书籍，记录学习内容。
	2. 与团队一起进行代码审查，提出优化建议。
	3. 学习前端性能优化的相关技术，尝试在项目中实施。
第9周	1. 开始指导一名新员工，分享开发经验。
	2. 定期与团队讨论项目进展，收集反馈。
	3. 参加一次行业会议或网络研讨会，了解最新动态。
第10周	1. 继续学习架构设计知识，完成学习笔记。
	2. 在项目中承担更多技术决策的角色，记录每次决策的影响。
	3. 参与项目的技术评审会议，提出改进建议。
第11周	1. 准备年度工作总结，展示个人在项目中的贡献和学习进展。
	2. 向领导展示新学习的技能如何应用于实际项目中。
	3. 参加一次技术分享会，提升个人品牌。
第12周	1. 在年度评估中，基于成果和学习的进展，申请薪资调整。
	2. 制定下一年的职业发展计划，明确未来目标。
	3. 反思过去3个月的学习和项目经历，记录成功和待改进之处。

这个表格帮助你明确每周的目标和任务，便于跟踪进展。祝你顺利实现职业规划！

图 5-12

5.3　商业顾问：借助 AI 提高商业计划书的准确性与效率

在商业计划书的撰写过程中，AI 技术如 ChatGPT 的应用，不仅提高了编写的效率，还增强了计划书的准确性。以下是利用 ChatGPT 来撰写商业计划的详细步骤和示例。该示例展示了如何有效地使用 AI 技术进行商业计划的制订。

在现代商业环境中，制订精确且高效的商业计划对确保企业成功至关重要。AI 工具，尤其是如 ChatGPT 这类的语言处理工具，为商业计划的编写提供了前所未有的便利。本节将阐述如何利用这一工具逐步完成一个全面的商业计划书，通过实际操作示例和生成内容的演示，展示 ChatGPT 的实用性。

1. 生成业务概述

本步骤需要定义公司的基本信息，包括公司名称、地点、法律结构、愿景、使命以及历史等。

设计提示词及生成结果如图 5-13 所示。

> 为位于创新中心的科技初创企业'智能家居未来科技'编写业务概述。该公司是一家专注于智能家居技术的有限责任公司，旨在增强家庭自动化和连通性。创始人李伟和张敏旨在革新智能家居行业。

🟢 　📝 记忆已更新

公司名称：智能家居未来科技有限责任公司

位置：创新中心

业务概述：

智能家居未来科技有限责任公司是一家创新型初创企业，致力于推动智能家居技术的发展，专注于家庭自动化和连通性的增强。本公司的使命是通过最先进的技术解决方案，使家庭环境更智能、更高效、更舒适，从而提升居住者的生活质量。

我们的产品和服务涵盖了智能照明、安全监控、能源管理和家庭娱乐系统的自动化控制，通过集成的智能平台，用户可以轻松地管理家庭设备，实现真正的"智能生活"。此外，我们还提供定制化解决方案，以满足不同用户的特定需求。

创始团队由行业专家李伟和张敏领导，他们具有丰富的技术背景和对智能家居行业的深刻洞察。李伟和张敏通过其创新的思维和对技术的热情，希望将公司打造成为智能家居行业的领导者。

作为一家位于创新中心的企业，智能家居未来科技积极与其他科技公司合作，探索跨界合作的可能性，共同推动智能家居技术的进步和普及。我们坚信，通过不断的技术创新和优质的客户服务，能够为用户提供超越期待的智能家居体验。

图 5-13

2. 市场分析

本步骤用于分析目标市场的大小、增长潜力、竞争对手以及市场趋势。

设计提示词及生成结果如图 5-14 所示。

> 提供中国智能家居行业的市场分析，关注市场规模、增长潜力、主要竞争对手和新兴趋势。用表格的形式为我输出。用中文

已搜索 2 个网站

以下是 2024 年中国智能家居市场的分析：

指标	描述
市场规模	2023 年，市场规模达到 7157.1 亿元，预计 2029 年将达到 1.09 万亿元
增长潜力	年均复合增长率约为 10.28%，未来五年仍将保持快速增长
主要竞争对手	海尔智家、格力电器、美的集团、萤石网络
新兴趋势	智能家居与智能穿戴设备结合将成主要趋势，推动平台生态建设与老龄化应用

中国智能家居行业呈现快速发展态势，重点竞争区域集中在广东省，主要企业涉及全屋智能解决方案及单品智能设备制造 (QQ News)。

图 5-14

3. 产品与服务

本步骤用于详细描述公司将提供的产品或服务。

设计提示词及生成结果如图 5-15 所示。

> 描述'智能家居未来科技'提供的产品和服务，重点介绍智能家居控制中心及相关设备。

智能家居未来科技提供一系列智能家居产品和服务，其中核心产品是智能家居控制中心，这是一个集中管理平台，用户可以通过它控制家中的各种智能设备。此控制中心支持多种通信协议，确保与各类品牌的智能家电、安防系统、照明设备等的兼容性。

除了控制中心，公司还提供智能门锁、智能照明、温度控制系统和安全监控设备等。这些设备可以通过智能控制中心或手机应用程序远程操作，使家居生活更加便捷、安全和节能。

图 5-15

4. 营销和销售策略

本步骤用于规划如何推广产品并达到销售目标。

设计提示词及生成结果如图 5-16 所示。

> 为'智能家居未来科技'制订营销和销售策略，重点放在数字营销和与主要电子产品零售商的合作上。

为"智能家居未来科技"制定的营销和销售策略可以侧重于以下几点：

1. **数字营销策略**：

   - **社交媒体推广**：在主要社交媒体平台（如微博、微信、抖音）上建立品牌账号，发布互动性强的内容，如智能家居的使用案例和用户评价视频。
   - **搜索引擎优化与营销**（SEO/SEM）：优化网站内容以提升搜索引擎排名，使用关键词广告吸引潜在客户。
   - **内容营销**：创建专业博客和视频教程，向消费者展示如何配置和最大化使用智能家居系统的效能。
   - **电子邮件营销**：构建邮件列表，定期发送产品更新、促销活动和定制内容。

2. **与电子产品零售商合作**：

   - **合作模式**：与主要的电子产品零售商如苏宁易购、京东、国美电器建立合作关系，推广智能家居产品。
   - **店内体验区**：在零售店设置专门的智能家居体验区，让顾客直观体验产品的便利和效能。
   - **联合促销**：与零售商共同开展促销活动，如打折、返现等，增加购买的吸引力。
   - **培训销售人员**：为零售商的销售人员提供培训，使其能更好地向顾客解释智能家居产品的优势和使用方法。

通过这些策略，智能家居未来科技可以更有效地扩大其市场份额，提升品牌知名度和销售业绩。

图 5-16

5. 财务规划

本步骤用于构建财务模型，预测收入、成本及利润。

设计提示词及生成结果如图 5-17 所示。

为'智能家居未来科技'创建财务计划，预测未来五年的收入、成本和盈利情况。用表格形式输出。

为了制订"智能家居未来科技"的财务计划，我们需要做一些基本假设。假设公司年收入增长率为15%，年成本增长率为10%，并且初始年度的收入为1 000万元，初始成本为600万元。以下是未来五年的财务预测。

年份	预计收入（万元）	预计成本（万元）	预计利润（万元）
第1年	1000	600	400
第2年	1150	660	490
第3年	1322.5	726	596.5
第4年	1520.9	798.6	722.3
第5年	1749.0	878.5	870.5

这些预测基于简化的假设，实际情况可能受市场变化、公司策略调整及外部经济因素的影响。

图 5-17

此次探索表明，将 ChatGPT 等 AI 工具融入商业计划的制订过程，可为商业顾问提供一个强大的工具，提高工作效率和内容质量。这种技术合作加强了商业计划书的针对性和专业性。AI 技术在商业计划书中的应用预示未来企业在进行商业规划和执行策略时，将更加依赖于数据分析和机器智能。

5.4 AIGC 多模态创意作品展示

5.4.1 Poe 网站里面的 Gemini 分析视频

AI 不仅能分析文本、图片，也可以分析视频，这就要提到谷歌推出的一款强大工具 Gemini。Gemini 不仅以其全面超越以往的 AI 模型著称，更凭借其卓越的多模态能力和智能化特性，成为业界关注的焦点。而 Poe 网站是国外社区推出的一个 AI 问答平台，它集合了各种强大的聊天机器人，使用户能够在该网站上体验到各种先进的 AI 工具。本节将详细说明 Poe 网站上 Gemini 的功能与应用，尤其是分析视频方面。

先登录 Poe 网站，输入网址 https://poe.com/chat/28qcopqimlksuqzuau8
打开一个 Gemini-1.5-Pro 机器人对话框。
对话框主界面如图 5-18 所示。

图 5-18

现在以一个 AI 课程的导学课为例，先上传视频，查看一下 Gemini 的回答，然后逐步分析视频。界面如图 5-19 所示。

 Gemini-1.5-Pro Poe

大家好！欢迎来到职场必备AI课，很高兴能陪伴大家一起学习！

图 5-19

先给一个"分析视频的指令"，看看 AI 会怎么分析以上视频。具体问答如图 5-20 所示。
分析得不错。接下来设计一些更详细的内容，比如，给视频写简介、时间戳、声音特点、表达风格、情节、镜头等内容。尽量设计得丰富一些，看 Gemini 能分析多少。具体问答细节如图 5-21 所示。

分析以上视频

Gemini-1.5-Pro Poe ...

视频分析：职场必备AI课 - AI办公提效与AI绘画商业实战

视频内容概述：

该视频介绍了一个名为"职场必备AI课"的课程，旨在帮助职场人士了解和应用人工智能技术，提升工作效率并掌握AI绘画的商业实战技能。

课程结构：

课程分为11章，涵盖了AI在职场中的各种应用场景和技术，从AI办公提效到AI绘画的商业实战，内容全面实用。

主要章节内容：

- **第一章：经典应用案例介绍** - 通过ChatGPT和Midjourney的商业应用案例，展示AI在实际工作中的应用潜力。
- **第二章：行业的工种机会和职业规划建议** - 解读人工智能的定义、行业现状和工作机会，并提供职业规划建议，帮助学员开启AI职业转型之路。
- **第三章：G先生初阶简单案例沟通** - 消除学习ChatGPT时的疑惑，通过与ChatGPT的对话，掌握提示词的原理和精髓，并进行简单案例应用。
- **第四章：ChatGPT 十大商用案例** - 学习利用ChatGPT进行运营、图书出版、内容策划、课程创作、文案、PPT制作、数据分析报告生成、自动化工作流程等工作。
- **第五章：Midjourney初阶简单案例沟通** - 介绍Midjourney的引导方式与ChatGPT的不同，并通过对话展示Midjourney的简单应用以及图生图功能。
- **第六章：Midjourney 十大商用案例** - 学习利用Midjourney进行卡通IP形象设计、简历模板制作、产品包装设计、商业海报设计、画册设计、电商产品套图设计、表情包制作等工作。
- **第七章：SD小姐初阶简单案例沟通** - 学习另一种AI绘画工具Stable Diffusion，了解其特点和使用方法。
- **第八章：SD小姐十大商用案例** - 学习利用Stable Diffusion进行艺术二维码生成、光影艺术字、瞬息全宇宙、数字人头像、数字人口播、微型世界电商设计、线稿生成、图书插画设计、模糊照片处理、线稿上色等工作。
- **第九章：AI 视频剪辑工具与数字人** - 深入了解AI视频剪辑工具，如视频提取文稿、顺飞有声、真图、AI视频制作、AI配音工具等，以及AI数字人的应用和AI在直播中负面影响的去除。
- **第十章：其他各行业AI工具集的使用** - 介绍市面上其他AI工具，如Google的Bard、必应的AI、Claude、智能写作助手Jasper等，以及常见图片处理AI工具、网站和其他各行业的AI工具集。
- **第十一章：AI法律风险防范与伦理** - 探讨数字版权与法律问题，如《生成式人工智能服务管理暂行办法》对AI从业者的影响、AI伦理问题、AI从业者未来的学习和创作者的展望。

课程目标：

- 帮助学员全面了解AI在职场中的应用。
- 掌握AI绘画的实战技能。
- 提升工作效率，建立AI技术壁垒。
- 为职业发展打下坚实基础。

学习要求：

- 具备基本的电脑操作能力。
- 能够认全26个英文字母。

课程特点：

- 以故事为主线，轻松有趣，通俗易懂。
- 注重AI在实际工作中的应用，实用性强。
- 涵盖多种AI工具和技术，内容全面。

总结：

"职场必备AI课"是一个内容丰富、实用性强的AI学习课程，适合想要了解和应用AI技术的职场人士。通过学习该课程，学员可以掌握AI办公提效和AI绘画的实战技能，提升工作效率，为职业发展打下坚实基础。

图 5-20

再次帮我分析这个视频里的每个结构，然后逐个回答我一下内容，如果生成中断，提醒我说继续，我会指示你继续生成。

1. 为我写一个这个视频的简介
2. 给我一个视频的总结并且带上每个内容的时间戳
3. 告诉我视频声音的特点是什么
4. 视频的语言表达风格是怎么样的? 你有什么改进建议。
5. 给我视频内容前一分钟的文字稿
6. 内容分析
   • 情节: 分析视频的故事线、主题和情节结构。
   • 角色: 角色分析、发展和他们之间的互动。
   • 对话: 对话内容、风格和它们在叙事中的作用。

7. 视觉元素
   • 摄影: 镜头类型、角度、运动、构图和镜头的选择。
   • 色彩: 色彩的运用、色调、对比度和色彩心理学。
   • 灯光: 灯光的设置、阴影和光线对情绪的影响。
   • 特效: 视觉特效、CGI和它们如何增强或影响叙事。

8. 其他三个你认为重要信息构成，如视频的目标受众、主人公的演技等信息。

● Gemini-1.5-Pro　Poe

视频结构分析与逐个问题解答：

1. 视频简介:

职场必备AI课 是一门面向职场人士的实用课程，旨在帮助学员了解和应用人工智能技术，提升工作效率，掌握AI绘画的商业实战技能，为职业发展建立技术壁垒。课程内容丰富，涵盖ChatGPT、Midjourney、Stable Diffusion等多种AI工具，并通过实际案例讲解AI在文案、运营、设计、视频制作等领域的应用。

2. 视频总结及时间戳:

由于缺乏视频的具体信息，无法提供精确的时间戳。以下为根据视频概述推测的总结及大致时间段：

• **0:00-0:30** - 课程介绍，包括课程名称、目标受众和课程内容概述。
• **0:30-2:00** - AI办公提效工具介绍，如ChatGPT的应用场景和案例。
• **2:00-4:00** - AI绘画工具介绍，如Midjourney和Stable Diffusion的应用场景和案例。
• **4:00-5:00** - 其他AI工具介绍，如视频剪辑工具、数字人等。
• **5:00-结束** - AI法律风险防范与伦理探讨，以及AI从业者未来的学习和发展展望。

3. 视频声音特点:

由于无法获取视频信息，无法分析声音特点。以下为几种可能的声音特点：

• **清晰明亮** - 声音清晰易懂，语速适中，让观众能够轻松理解课程内容。
• **富有感情** - 声音富有感染力，能够调动观众的情绪，增强课程的吸引力。
• **专业权威** - 声音沉稳有力，展现出讲师的专业性和权威性。

4. 语言表达风格及改进建议:

由于缺乏视频信息，无法分析语言表达风格。以下为几种可能的语言表达风格及改进建议：

• **通俗易懂** - 使用简单明了的语言，避免使用专业术语，让观众能够轻松理解。
• **生动形象** - 运用比喻、举例等修辞手法，使课程内容更加生动形象，易于记忆。
• **逻辑清晰** - 按照一定的逻辑顺序讲解课程内容，使观众能够清晰地理解知识体系。

改进建议:

• 可以根据目标受众的背景知识和学习需求，调整语言表达的深度和难度。
• 可以增加互动环节，例如提问、讨论等，提高观众的参与度和学习效果。
• 可以运用多种教学方法，例如案例分析、角色扮演等，使课程内容更加丰富多彩。

5. 视频内容前一分钟文字稿:

(假设视频开头为课程介绍)

大家好，欢迎来到职场必备AI课! 我是钟斌，我将陪伴大家一起完成接下来的学习。在接下来的课程中，我将为大家深入地探讨人工智能在职场中的应用，以及如何利用AI技术进行商业级的绘画实战。首先，让我们先看看课程的整体结构跟目标。这套课程分成11章，每一章呢都涵盖了关键的AI应用场景跟技能，从AI办公提效到商业绘画及实战，为大家呢提供了全面而实用的知识。在第一章，我们将介绍ChatGPT和Midjourney的十大经典商业应用场景，这些项目都是从实战中提炼出来，让大家看看具体AI商业落地的时候都能做什么事。

(请指示是否继续生成)

图 5-21

Gemini 分析能力很强，但是在输出上有一定限制，对于一次性输出不完对应的内容，让它继续输出，具体操作细节如图 5-22 所示。

继续

Gemini-1.5-Pro Poe ···

6. 内容分析：

- 情节：

由于缺乏视频的完整信息，无法分析具体情节。以下为根据视频概述推测的情节结构：

- **开端：** 介绍AI在职场中的重要性和应用潜力，引发观众的学习兴趣。
- **发展：** 分别介绍ChatGPT、Midjourney、Stable Diffusion等AI工具，并通过实际案例讲解其在不同领域的应用。
- **高潮：** 探讨AI技术对未来工作的影响，以及AI从业者需要具备的技能和素质。
- **结局：** 展望AI技术的发展趋势，鼓励观众积极学习和应用AI技术，提升自身竞争力。

- 角色：

- **讲师：** 作为课程的引导者，负责讲解AI技术和应用案例，并与观众进行互动。
- **观众：** 作为课程的学习者，通过观看视频学习AI知识和技能。

- 对话：

- **讲师讲解：** 主要以讲解为主，介绍AI技术和应用案例，并进行分析和总结。
- **案例展示：** 通过实际案例展示AI技术的应用效果，使观众更加直观地理解。
- **互动交流：** （假设存在）讲师与观众进行互动交流，解答观众的疑问，并引导观众进行思考和讨论。

7. 视觉元素：

由于缺乏视频信息，无法分析具体视觉元素。以下为几种可能的视觉元素：

- 摄影：

- **镜头类型：** 可能会使用多种镜头，如特写镜头、中景镜头、远景镜头等，以展现不同的画面内容和视角。
- **角度：** 可能会使用平视、仰视、俯视等不同角度，以营造不同的视觉效果和情绪氛围。
- **运动：** 可能会使用推拉摇移等镜头运动方式，使画面更加生动活泼。
- **构图：** 可能会使用三分法、黄金分割等构图方式，使画面更加美观和谐。

- 色彩：

- **运用：** 可能会使用明亮鲜艳的色彩，以吸引观众的注意力，并营造积极向上的氛围。
- **色调：** 可能会使用暖色调或冷色调，以表达不同的情绪和主题。
- **对比度：** 可能会使用高对比度或低对比度，以突出画面重点或营造不同的视觉效果。

- 灯光：

- **设置：** 可能会使用自然光或人工光，以营造不同的光影效果。
- **阴影：** 可能会使用阴影来增强画面的立体感和层次感。
- **光线：** 可能会使用不同的光线来表达不同的情绪和氛围。

- 特效：

- **视觉特效：** 可能会使用一些视觉特效，如动画、转场等，使画面更加生动有趣。
- **CGI：** （假设存在）可能会使用CGI技术来制作一些虚拟场景或角色，增强课程的科技感和未来感。

8. 其他重要信息构成：

- **目标受众：** 职场人士，尤其是对AI技术感兴趣或希望将AI技术应用于工作中的群体。
- **主人公的演技：** 讲师的表达能力、感染力和专业性，以及与观众的互动效果。
- **课程制作质量：** 视频的清晰度、音质、剪辑水平等，都会影响观众的学习体验。

图 5-22

分析得还不错。偶尔有些信息无法分析不要紧，现在让它输出视频的文字稿，具体信息如图 5-23 所示。

给我视频的完整文字稿

Gemini-1.5-Pro　Poe　•••

视频完整文字稿生成：

由于缺乏视频的具体信息，无法生成完全匹配的文字稿。以下为根据视频概述和结构分析，结合几种可能的表达风格，生成的示例文字稿。

（开场画面：科技感背景，AI元素动画）

旁白： 人工智能时代已经到来，AI技术正在深刻地改变着我们的生活和工作方式。作为职场人士，掌握AI技能，提升工作效率，已经成为一项必备的能力。

（画面切换：讲师出镜，面带微笑）

讲师： 大家好，欢迎来到职场必备AI课！我是钟斌，我将陪伴大家一起开启这段充满惊喜和挑战的AI学习之旅。

（画面切换：课程内容概述）

讲师： 这套课程将分为11章，带你全面了解AI在职场中的应用，并掌握AI绘画的商业实战技能。我们将从AI办公提效开始，学习如何利用ChatGPT提升写作效率，制作PPT，生成数据分析报告，甚至自动化你的工作流程。

（画面切换：ChatGPT案例展示）

讲师： 比如，我们可以用ChatGPT来撰写邮件、策划方案、创作课程内容，甚至编写代码。它就像一位知识渊博的助手，随时为你提供帮助。

（画面切换：Midjourney案例展示）

讲师： 接下来，我们将进入AI绘画的世界，学习如何使用Midjourney和Stable Diffusion等工具，创作出令人惊叹的艺术作品。无论是卡通IP形象设计、产品包装设计，还是商业海报设计，AI绘画都能为你提供无限的创意可能。

（画面切换：Stable Diffusion案例展示）

讲师： 想象一下，只需输入几个关键词，就能生成精美的插画、海报，甚至逼真的照片，这将为你的工作带来多少便利和惊喜！

（画面切换：其他AI工具介绍）

讲师： 除了ChatGPT和AI绘画工具，我们还将探索其他各行业的AI工具集，如视频剪辑、数字人、语音合成等，让你成为AI领域的全能选手。

（画面切换：AI法律与伦理探讨）

讲师： 当然，在学习和应用AI技术的同时，我们也要关注AI的法律风险和伦理问题，确保我们的创作合规合法，并对社会产生积极的影响。

（画面切换：未来展望）

讲师： AI技术的发展日新月异，未来将会有更多的AI工具和应用场景出现。通过学习这套课程，你将提前掌握AI的最新技术和趋势，为你的职业发展建立坚实的技术壁垒，成为AI时代的领跑者！

（画面切换：课程结束画面）

旁白： 职场必备AI课，助你开启AI时代的新篇章！

（字幕：感谢观看！）

（请注意，这只是一个示例文字稿，实际内容可能会有所不同。建议根据视频的具体内容进行调整和完善。）

图 5-23

　　可能对话太长，它忘记了视频信息，Gemini 是可以分析文字稿等相关内容的，重新上传视频，再重复上文步骤，设计如图 5-24 所示。

上下文已清除 …

给我视频的完整文字稿

Gemini-1.5-Pro Poe …

好的，以下是视频的文字稿：

大家好，欢迎来到职场必备AI课，AI办公提效教与AI绘画商业实战课程，我是钟斌，我将陪伴大家一起完成接下来的学习。在接下来的课程中，我将为大家深入的探讨人工智能在职场中的应用，以及如何利用AI技术进行商业级的绘画实战。首先呢，让我们先看看课程的整体结构跟目标。这套课程呢分成11章，每一章呢都涵盖了关键的AI应用场景跟技能，从AI办公提效到商业绘画级实战，为大伙儿呢提供了全面而实用的知识。在第一章，我们将介绍ChatGPT和Midjourney的十大经典商业应用场景，这些项目都是从实战中提炼出来，让大家看看具体AI商业落地的时候，都能做什么事。接着呢，第二章，我们将解读人工智能的定义、行业和工作机会，还有职业规划的建议，为大伙儿开启人工智能的职业变现之路。第三章，我们将消除学习时的疑感，避免大家陷入学习的误区，通过和一个迂腐的老先生ChatGPT对话，简洁轻松的掌握体质词的原理和精髓，我们将动手做一些初步简单的案例应用。在第四章呢，我们将利用ChatGPT来助力运营、图书出版、内容策划、课程创作、文案，还有PPT的设计跟制作，数据分析报告生成，还有自动化工作编程，这些。此外呢，我们还会探讨ChatGPT作为个人助理的应用，帮我们处理一些电子邮件啦，安排日程啦，提醒重要的事情等等。第五章呢，我们将介绍Midjourney的引导方式跟ChatGPT有什么异同，通过与Midjourney的对话，展示初步的案例简单应用，以及图生图的功能。接下来呢，我们在第六章，我们将与米小姐作为我们的助手，一起完成多个商业级项目，像包括卡通IP的形象设计、简历模板的制作、产品包装的设计、商业绘本设计、海报设计、油画图库的定型，还有婚纱摄影、电商产品的套图设计、墙纸制作等等。在第七第八章呢，我们将跟随ChatGPT先生的二女儿SD小姐，学习数字艺术设计，包括艺术二维码的生成啦，光影艺术字啦，瞬息全息宇宙的制作啦，数字人头像啦，数字人口播啦，微型世界电商的设计啦，线稿的生成啦，图书的插画设计啦，模糊照片的处理以及线稿上色等等。当然了，这些一句话就清晰了，大女儿能做的，二女儿也能做。还有大家现在屏幕上看到的这样的数字艺术品的制作。在第九章呢，我们将深入的了解视频提去文稿啦，瞬飞有声啦，真2，AI视频制作啦，AI配音工具的选择跟使用啦，以及AI数字人的应用，还有AI在直播中呢，负面影响的去除，这些。第十章呢，我们将介绍一些市面上其他的AI工具，比如像Google的Bard啦，还有Bing的AI啦，Claude啦，智能写作助手像Jasper这些，还有一些常见的图片处理，AI工具还有网站，以及其他各行业，AI工具集的使用。最后呢，第11章，我们将深入的探讨数字版权与法律，比如生成式人工智能服务管理暂行办法对AI从业者的影响，AI伦理的问题啦，还有AI从业者未来的学习跟创作者的展望。通过这套课程呢，我相信大家不仅能全面的了解AI在职场中的应用，还能掌握AI绘画的实战技能，在学习过程中呢，我们将提前掌握AI最先进的技术还有工具，为自己的职业发展建立技术壁垒。整个课程呢，以故事为主线，非常的轻松愉快，通俗易懂，大家只要会这个基础的电脑操作，同时呢能够认全24个英文字母对吧？别少说两个就行，这样呢，我们就能跟随学习。课程着重学习AI在互联网多岗位中的实际应用，包括文案、运营、数据分析、图书出版等领域，大幅度的提高我们的工作效率。希望这段充实而有趣的学习之旅，不仅为大家带来丰富的知识和使用的技能，还能成为每一位学员职业发展的重要起点，让我们一起开启这段充实而有趣的学习之旅吧！

图 5-24

随着 Gemini 等工具的不断发展和完善，人们对 AI 技术的认识也将不断深化，未来 AI 技术可能不止在文本、图片和视频三个领域大放光彩，让我们期待 AI 带来更美好、更智能化的未来。

5.4.2　DALL·E3

1. 简介

DALL·E3 比以往版本了解更多的细微差别和细节，使用户可以轻松地将想法转化为极其准确的图像。

该网站网址：https://openai.com/dall-e-3。

网页主界面如图 5-25 所示。

图 5-25

2. 使用方法

该平台需在 ChatGPT 中使用。

单击"Try in ChatGPT"按钮进入 ChatGPT 主界面，直接输入提示词即可。

平台界面如图 5-26 所示。

我想画这样一张图像，宽高比为 9∶16，主体形象是一位艺术家。为此输入以下提示词。

为我画一个 9∶16 的图像，图像描述为：An artistic and creatively inspired female character, exuding endless imagination, holding paintbrushes in both hands, dressed in an artist's outfit, surrounded by vibrant colors and creative ideas.

生成结果如图 5-27 所示。

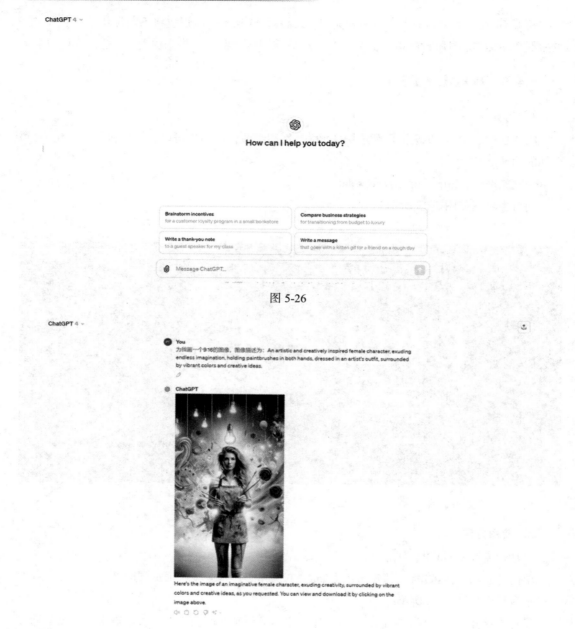

图 5-26

图 5-27

可以下载这张图片，放大后效果如图 5-28 所示。

ChatGPT 聊天框一次只能生成一张图。如果想生成多张图，可以申请使用 DALL·E3 的 API 接口，这里不做演示，可以使用网址 https://t.co/W3mDmhK9SJ 体验。

图 5-28

　　ChatGPT Plus 在生成图片时提供了几种尺寸选项，每种尺寸拥有不同的用途和视觉表现。

　　1024×1024（正方形）：这种尺寸适合大多数场合，特别是社交媒体平台上的图片分享。它非常适合捕捉细节丰富的场景或角色，平衡宽度和高度，提供均衡的视觉效果。

　　1792×1024（宽屏）：宽屏格式适合需要更广阔视角的场景，比如风景画、城市景观或者任何需要宽广背景来强调场景深度的艺术作品场景。这种格式也很适合作为计算机或电视屏幕的墙纸。

　　1024×1792（全身肖像）：这种更高的图像格式非常适合全身肖像或者需要展示服装细节（如时尚设计）的场合。它也适用于描绘高大的建筑或者其他纵向的结构。

每种尺寸都有其特定的适用场景，选择哪种尺寸取决于用户想要表达的内容和图像将要使用的平台。

ChatGPT Plus 中还可使用局部重绘功能。在 ChatGPT 里面单击图片，即可进入图片剪辑页面，在此选择画笔涂抹选区，如图 5-29 所示。

图 5-29

比如，想把上面的人物换为中国女孩，那么可以在左侧调节画笔大小，涂抹头部，然后输入提示词。

中国女孩

演示过程如图 5-30 所示。

图 5-30

生成结果如图 5-31 所示。

图 5-31

可以看出风格的确发生了不小的改变。

再看另一种使用 DALL·E3 的方式，即在 Bing Chat 里面使用 DALL·E3，网址为 https://www.bing.com/chat，界面如图 5-32 所示。

图 5-32

输入如下提示词。

画图：An artistic and creatively inspired female character, exuding endless imagination, holding paintbrushes in both hands, dressed in an artist's outfit, surrounded by vibrant colors and creative ideas.

生成结果如图 5-33 所示。

图 5-33

单独将每张图片放大后来看效果，如图 5-34 ~ 图 5-37 所示。

图 5-34

图 5-35

图 5-36

图 5-37

同样，可以在 Bing AI 的图像创造器页面使用 DALL・E3。页面网址为 https://www.bing.com/images/create。网站页面如图 5-38 所示。

图 5-38

仍然画一个艺术家的形象。输入同样的提示词，结果如图 5-39 所示。

图 5-39

ChatGPT 和 Bing Chat 使用的都是 DELL・E3，单独放大每张图片，效果如图 5-40 ~ 图 5-43 所示。

图 5-40

图 5-41

图 5-42

图 5-43

结果还是不错的。但是 Bing AI 只能生成尺寸为 1024×1024 的正方形图片。

DALL·E3 的出现为图像生成技术设立了新的标杆。其卓越的细节处理和对细微差别的理解，使用户能够轻松地将抽象的创意转化为具体而生动的视觉作品。无论是艺术家、设计师，还是普通用户，都能从中受益，将创意表达提升到一个新的高度。通过在 ChatGPT Plus 版和 Copilot 聊天主页面的无缝集成，DALL·E3 将继续为用户提供便利和灵感，推动 AI 在创意领域的发展。我们期待看到更多令人惊叹的作品诞生于这一创新技术之中。

5.5　全能模型 GPT-4o：混合模态处理的新篇章

ChatGPT Plus 版本的全能模型（以下简称 GPT-4o）作为 OpenAI 推出的最新全能模型，不仅在文本处理方面表现卓越，还在视觉和音频处理上实现了革命性的进步。无论是通过实时对话进行即兴创作，还是生成高质量的图像和音频内容，GPT-4o 都展现出了前代 AI 产品不具备的强大能力。ChatGPT 普通版用户和订阅升级版用户都可在聊天界面左上角直接切换至该模型。操作方法如图 5-44 所示。

图 5-44

1.　GPT-4o简介

GPT-4o 在 OpenAI 的产品线中处于划时代的地位。该模型融合了文本、视觉和音频三种主要的 AI 处理模态，成为第一个在单一架构下整合多模态功能的先进系统。与之前的版本相比，GPT-4o 不仅继承了 GPT-4 的智能处理能力，更在多模态交互方面进行了革命性的提升，从而大幅增强了模型的应用范围和实用性。

2. 功能和能力

GPT-4o 在文本、视觉和音频的处理上都进行了显著改进，其性能与 GPT-4 Turbo 相似。GPT-4o 在英语文本和代码的性能上与 GPT-4 Turbo 不相上下，但在非英语文本上 GPT-4o 性能显著提高。同时，API 的响应速度更快，使用成本降低至原先的一半。与现有模型相比，GPT-4o 在视觉和音频理解方面的表现尤其出色。

3. 演示和使用案例

GPT-4o 的强大功能可通过官方演示得到充分展示。用户可以使用 GPT-4o 进行实时对话，甚至即兴创作歌曲。

此外，GPT-4o 在图像理解和生成方面也有显著提升。用户可以让它模拟如何将 OpenAI 的 logo 印到杯垫上，生成 3D 视觉内容，排版手写样式，以及从文本输入生成连续的漫画分镜。GPT-4o 还具备将文本转换为艺术字，以及将照片转换为风格化海报的能力。这些功能不仅丰富了用户的创作体验，也拓展了 AI 在艺术和设计领域的应用前景。

4. 用户体验和可访问性

为了让更多用户体验到 GPT-4o 的强大功能，OpenAI 在 ChatGPT 中免费推出了多项高级功能。OpenAI 工作人员表示，GPT-4o 的文本和图像功能免费在 ChatGPT 中推出，并向 Plus 用户提供高达 5 倍的消息上限。

此外，OpenAI 推出了适用于 macOS 的 ChatGPT 应用程序，简化了用户的工作流程。通过简单的键盘快捷键（如 Option+Space），用户可以立即向 ChatGPT 提问，直接在应用程序中进行屏幕截图和讨论。现在，用户还可以直接从计算机与 ChatGPT 进行语音对话。未来，OpenAI 还将推出适用于 Windows 版本的应用程序，为更多用户提供便利。

5. 未来发展和安全性

OpenAI 计划通过 ChatGPT Plus 和 API 访问，推出更多创新的功能。例如，即将推出的新版本语音模式 GPT-4o alpha，将为用户提供更加丰富和高质量的音频处理选项。此外，为确保跨模态功能的安全性，OpenAI 采取如过滤训练数据、优化算法设计等多项措施降低模型运行的风险。这些努力不仅提升了模型的安全性，也增强了其在处理敏感信息时的可靠性。

6. 结论

GPT-4o 的发布不仅是 OpenAI 在 AI 领域的一次重大进步，也代表了 AI 技术在实用性和交互性方面的一大进步。随着技术的持续发展和应用的不断扩展，GPT-4o 有望在未来的数字化生活和工作中扮演更加关键的角色，带来更智能、更互联的新体验。通过对 GPT-4o 的持续优化和扩展，OpenAI 正在推动 AI 技术的边界，朝着实现更智能、更高效、更安全的 AI 系统不断迈进。

第 6 章　Midjourney 的入门与应用指南

6.1　Midjourney 的添加频道和生图指令

Midjourney 就像是在线的 Stable Diffusion，出图精美、操作简单、风格丰富，是绘画的好帮手。

接下来将从创建服务器开始，逐步演示如何注册一个账号。

首先来到 Discard 页面，单击左侧加号创建一个服务器，如图 6-1 所示。

图 6-1

请记住头像和服务器名称。此处以 test 命名，选择曾经生成的图片作为头像，操作界面如图 6-2 所示。

图 6-2

此时需要添加一个机器人（链接：https://discord.com/api/oauth2/authorize?client_id=936929 561302675456&permissions=274877945856&scope=bot）。

该链接为 Midjourney bot 的邀请地址，单击之后可以申请 Midjourney 机器人加入我们的频道，从而达到和 Midjourney 完整交互的目的。发送链接后，单击发送的链接添加一个机器人，如图 6-3 所示。

图 6-3

输入/imagine，选择/imagine prompt，在后方输入框里输入提示词，自然语言、魔咒、词组、短句均可，这里输入自然语言作为提示词，如图 6-4 所示。

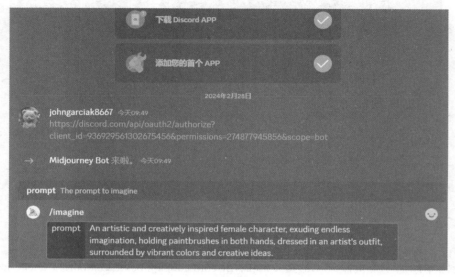

图 6-4

生成结果如图 6-5 所示。

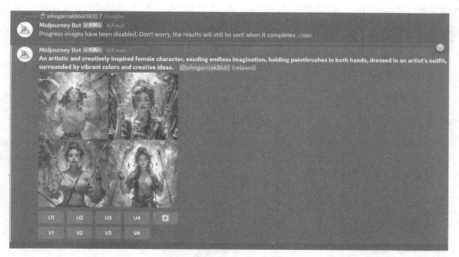

图 6-5

其中，图 6-5 下方的 U1 按钮用于放大第一张图片，V1 按钮用于生成和第一张图片相似的 4 张图片；若单击刷新按钮，Midjourney 会按照原本的提示和参数重新生成 4 张图片。此处单击 U4 按钮，放大第 4 张图片，如图 6-6 所示。

图 6-6

被放大的图片下方有很多按钮，包括放大、变化、局部重绘、扩图、收藏分享等。

若要保存图片，可以单击放大图片，单击左下角在浏览器打开，然后选择保存或者拖拽至相应文件夹保存，如图 6-7 所示。

图 6-7

若要设置和使用其他参数，则输入/settings，按回车键，即可查看和调整个人设置，如图 6-8 所示。本章使用的是版本号为 V6niji，高风格度、放松模式的 Midjourney。

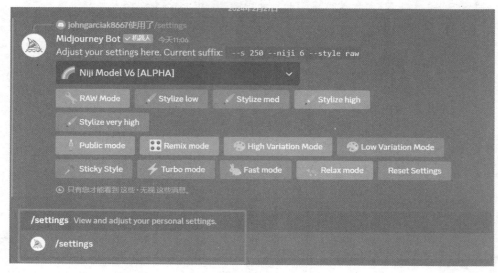

图 6-8

下面进行图生图功能介绍。

输入/describe，选择/describe image，然后选择一张图片，按回车键发送即可上传图片，如图 6-9 所示。

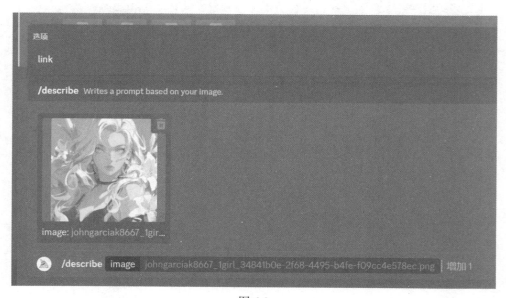

图 6-9

此时出现描述语以及新的按钮，界面如图 6-10 所示。

图 6-10

　　图片下方 4 个标数字的按钮对应着上述 4 个描述语的图片生成快捷按钮。最右侧的刷新按钮的功能为重新生成描述。单击 Imagine all 按钮生成全部图片，效果如图 6-11 ~ 图 6-14 所示。

图 6-11

图 6-12

图 6-13

图 6-14

虽然所生成的图片与上传图片有一定的相似度，但是跟理想的生成结果差了不少，即相似度不满足需求，此时可以手动设置图生图功能控制相似度。

若要手动设置图生图，需输入/imagine，把上图拖拽到提示词输入框内，填写描述的提示词，并在提示词结尾处填写参数--iw 2（该参数的意思是要与原图很相似），如图 6-15 所示。

图 6-15

此时发现生成的图片结果的确与原图很相似，如图 6-16 所示。

图 6-16

下面介绍 Midjourney 如何完成图片换脸。

首先添加机器人（链接为 https://discord.com/api/oauth2/authorize?client_id=10906605741966 74713&permissions=274877945856&scope=bot）。

发送链接后，单击链接，确认生成机器人。

生成图片或在生图历史记录中选择一张需要换脸的图片，输入/saveid，上传图片，并为图片标号，然后按回车键发送。操作细节如图 6-17 所示。

图 6-17

选择换脸 APP。右键单击待换脸的图片，在弹出的快捷菜单中选择 APP→INSwapper，具体细节如图 6-18 所示。

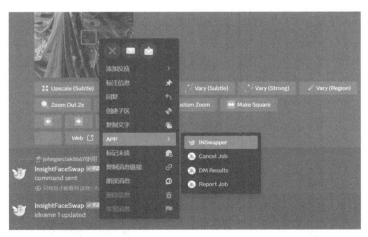

图 6-18

待换脸的图片如图 6-19 所示。

换脸模特的图片如图 6-20 所示。

图 6-19

图 6-20

换脸后的效果图如图 6-21 所示。

图 6-21

6.2　Midjourney 初探：探索其独特功能与应用场景

本节将探讨如何利用先进的 AI 工具，特别是 ChatGPT，生成 Midjourney 的高效提示词。提示词的质量直接影响生成图像的细腻度和创造力，因此，掌握生成优质提示词的技巧对于生成高质量图像是很重要的。本节通过详细分析 Midjourney 提示词的组成元素，如画面主体、主体细节、主角行为、艺术形式等，提供一个系统的训练框架，助力用户有效训练 ChatGPT，从而自动化和优化艺术创作过程。这不仅能提升艺术作品的质量，还能大大节省艺术家和设计师的时间，使他们能更专注于创意和创新。

一段完整的 Midjourney 提示词应包括主题、细节、镜头、质量词、参数等复杂元素，具体的提示词组成及生成效果如图 6-22 所示，方便读者寻找。

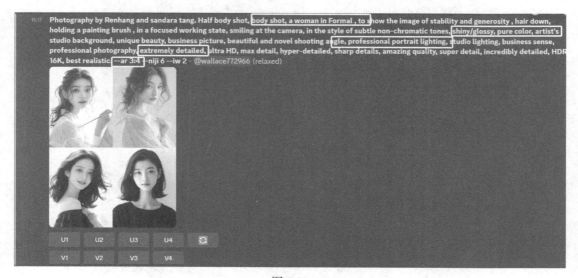

图 6-22

了解 Midjourney 提示词的结构可以帮助用户更好地生成对应的提示词，具体如下：画面主体 + 主体细节 + 主角行为 + 艺术形式 + 光线效果 + 色彩风格 + 视角角度 + 图片尺寸 + 模型参数。

生成高质量提示词需要学习和实践的积累。可以使用 AI 工具或优秀的提示词模板来加快这一过程，如训练 ChatGPT 生成 Midjourney 的提示词。接下来将阐述训练的逻辑以及提示词是怎么书写的，详细说明如下。

制订训练目标。通过简要描述，ChatGPT 可以按照规定格式生成对应的提示词，并附带中文翻译。

训练流程如下。

首先，告诉 ChatGPT Midjourney 是什么。

Midjourney 是一个通过提示词生成图像的 AI 软件，提示词的规则如下。提示词是 Midjourney Bot 解释用以生成图像的短文本短语。Midjourney Bot 将提示词中的单词和短语分解为更小的部分，称为标记，并将其与训练数据进行比较，然后用于生成图像。精心制作的提示词可以帮助制作独特而令人兴奋的图像。

然后，描述 Midjourney 提示词的书写规则。

以下是 Prompt 的书写规则。

提示词结构：画面主体+主体细节+主角行为+艺术形式+光线效果+色彩风格+视角角度+图片尺寸+模型参数。

下面看一个实际例子。

画面主体：A sweet Japanese girl is wearing an elegant Kimono。

主体行为和细节描述：Gentle smile, graceful poses。

构图：Medium close-up，3/4 face, full body, dramatic lighting, professional camera angles。

滤镜：Unreal Engine 5, 3D render, masterpiece, extremely detailed figure, official art, epic detail, epic detail background。

相机参数设置：8K --s 1000 --ar 9:16。

A sweet Japanese girl is wearing an elegant Kimono, gentle smile, graceful poses, medium close-up, 3/4 face, full body, dramatic lighting, professional camera angles, unreal Engine 5, 3D render, masterpiece, extremely detailed figure, official art, epic detail, epic detail background, 8K --s 1000 --ar 9:16

表 6-1 所示为某些场景对应的提示词。

表 6-1

场景类型	提示词
反乌托邦	Dystopia, Anti-utopia
幻想	Fantasy
教室	Classroom
异想天开	Whimsically
卧室	Bedroom
森林	Forest
废墟	Ruins
城市	City
废弃城市建筑群	Deserted City Buildings
近未来都市	Near Future City
街景	Street Scenery
炼金室	Alchemy Laboratory
宇宙	Universe I Cosmos
雨天	Rain

续表

场景类型	提示词
在晨雾中	In the Morning Mist
充满阳光	Full of Sunlight
银河	Galaxy
黑暗地牢	Dungeon
星云	Nebula
疯狂麦斯沙地风格	Mad Max
巴比伦空中花园	Hanging Gardens of Babylon
草原草地	Meadow
杂草丛生的	Overgrown Nature
后启示录、末日后	Post Apocalyptic
天空之城	Castle in the Sky

在生成图片时，需要一些关于图片精度的质量提示词，如表 6-2 所示。

表 6-2

精度类型	提示词
高细节	High Detail
高品质	Hyper Quality
高分辨率	High Resolution
全高清，1080P,2K,4K,8K	FHD,1080P,2K,4K,8K
8K流畅	8K Smooth

构图，如镜头的远近等是重点，称为视角类型，其对应的提示词如表 6-3 所示。

表 6-3

视角类型	提示词
鸟瞰图	A Bird's-eye View, Aerial View
顶视图	Top View
倾斜移位	Tilt-shift
卫星视图	Satellite View
底视图	Bottom View
前视图、侧视图、后视图	Front View, Side View, Rear View
产品视图	Product View
极端特写视图	Extreme Close-up View

续表

视角类型	提示词
仰视	Look up
第一人称视角	First-Person View
等距视图	Isometric View
特写视图	Close-up View
高角度视图	High angle View
微观	Microscopic View
超侧角	Super Side Angle
第三人称视角	Third-person Perspective
两点透视	Two-point Perspective
三点透视	Three-point Perspective
肖像	Portrait
立面透视	Elevation Perspective
超广角镜头	Ultra Wide Shot
爆头	Headshot
(核桃)的横截面图	A Cross-section View of (A Walnut)
电影镜头	Cinematic Shot
焦点对准	In Focus
景深(DOF)	Depth of Field (DOF)
广角镜头相机型号	Canon 5D, 1Fujifilm XT100, Sony Alpha
特写	Close-up (CU)
中特写	Medium Close-up (MCU)
中景	Medium Shot (MS)
中远景	Medium Long Shot (MLS)
远景	Long Shot (LS)
过肩景	Over the Shoulder Shot
松散景	Loose Shot
近距离景	Tight Shot
两景(2S)、三景(3S)、群景(GS)	Two Shot (2S), Three Shot (3S), Group Shot (GS)
风景照	Scenery Shot
背景虚化	Bokeh
前景	Foreground
背景	Background

续表

视角类型	提示词
细节镜头(ECU)	Detail Shot (ECU)
膝景(KS)	Knee Shot (KS)
胸部以上	Chest Shot (MCU)
腰部以上	Waist Shot (WS)
膝盖以上	Knee Shot (KS)
全身	Full Length Shot (FLS)
人占3/4	Long Shot (LS)
人在远方	Extra Long Shot (ELS)
头部以上	Big Close-up(BCU)

Midjourney 在生成图片时会用到一些特殊渲染方法，如表 6-4 所示。

表 6-4

渲染风格类型	提示词
虚幻引擎	Unreal Engine
OC渲染	Octane Render
渲染	Maxon Cinema 4D
建筑渲染	Architectural Visualisation
室内渲染	Corona Render
真实感渲染	Quixel Megascans Render
V射线	V-Ray

生成图片的风格，即媒介类型，如表 6-5 所示。

表 6-5

媒介类型	提示词
插画	Illustration
向量图	Vector
油画	Oil Painting
摄影	Photography
水彩	Watercolor
素描	Sketch
水墨画	Sculpture

媒介类型	提示词
雕塑	Ink Painting
印刷版画	Blockprint
利诺剪裁	Lino Cut
手稿	Manuscript
16位图	16b
8位图	8b
3D打印	3D Printed
丙烯画	Acrylic Painting
相纸打印	Photographic Print
粉彩石膏雕塑	Chalkware
彩铅素描	Color Pencil Sketch

用户在 Midjourney 中可以制订光照类型。Midjourney 可以很好地识别这些光照类型，从而提高出图质量，如表 6-6 所示。

表 6-6

光照类型	提示词
体积照明	Volumetric Lighting
冷光	Cold Light
情绪照明	Mood Lighting
明亮的	Bright
柔和的照明/柔光	Soft Illumination/Soft Lights
荧光灯	Fluorescent Lighting
微光/晨光	Rays of Shimmering Light/Morning Light
黄昏射线	Crepuscular Ray
外太空视图	Outer Space View
电影灯光/戏剧灯光	Cinematic Lighting/Dramatic Lighting
双性照明	Bisexual Lighting
伦勃朗照明	Rembrandt Lighting
分体照明	Split Lighting
前灯	Front Lighting
背光照明	Back Lighting
干净的背景趋势	Clean Background Trending

续表

光照类型	提示词
边缘灯	Rim Lights
全局照明	Global Illuminations
霓虹灯冷光	Neon Cold Lighting
强光	Hard Lighting
斑驳光线	Dappled Light
双重光源	Dual Lighting
光斑	Flare
闪光粉	Glitter
日出/日落	Golden Hour
夜店灯光	Nightclub Lighting
彩虹火花	Rainbow Sparks
星空	Starry

此外，可以给 Midjourney 一些特定的风格，如时尚、浮世绘、东方山水画等，如表 6-7 所示。

表 6-7

风格类型	提示词
东方山水画/国风	Traditional Chinese Ink Painting
浮世绘	Japanese Ukiyo-e
日本漫画风格	Japanese Comics/Manga
童话故事书插图风格	Stock Illustration Style
梦工厂动漫风格	CGSociety
梦工厂制片	DreamWorks Pictures
皮克斯	Pixar
时尚	Fashion
日本海报风格	Poster of Japanese Graphic Design
90年代电视游戏	90s Video Game
法国艺术	French Art
包豪斯	Bauhaus
日本动画片	Anime
像素画	Pixel Art

风格类型	提示词
古典风，18~19世纪	Vintage
黑白电影时期	Pulp Noir
乡村风格	Country Style
抽象风	Abstract
Riso印刷风	Risograph
设计风	Graphic
墨水渲染	Ink Render
民族艺术	Ethnic Art
复古 黑暗	Retro Dark Vintage
蒸汽朋克	Steampunk
电影摄影风格	Film Photography
概念艺术	Concept Art
剪辑	Montage
充满细节	Full of Details
哥特式黑暗	Gothic Gloomy
写实主义	Realism
黑白	Black and White
统一创作	Unity Creations
巴洛克时期	Baroque
印象派	Impressionism
新艺术风格	Art Nouveau
洛可可	Rococo
艾德里安·多诺休（油画）	Adrian Donohue
艾德里安·托米尼（线性人物）	Adrian Tomine
吉田明彦（厚涂人物）	Akihiko Yoshida
鸟山明（七龙珠）	Akira Toiyama
阿方斯·穆查（鲜艳线性）	Alphonse Mucha
蔡国强（爆炸艺术）	Cai Guo-Qiang
《星球大战》	Drew Struzan

续表

风格类型	提示词
达达主义、构成主义	Hans Arp
柔和人物	Ilya Kuvshiov
梦幻流畅	James Jean
迷幻、仙女、卡通	Jasmine Becket-Griffith
美式人物	Jean Giraud
局部解剖	Partial Anatomy
彩墨纸本	Color Ink on Paper
涂鸦	Doodle
伏尼契手稿	Voynich Manuscript
书页	Book Page
真实的	Realistic
3D风格	3D
复杂的	Sophisticated
真实感	Photore
角色概念艺术	Character Concept Art
文艺复兴	Renaissance
野兽派	Fauvism
立体派	Cubism
抽象表现主义	Abstract Art
超现实主义	Surrealism
欧普艺术/光效应艺术	OP Art /Optical Art
维多利亚时代	Victorian
未来主义	Futuristic
极简主义	Minimalist
粗犷主义	Brutalist
建构主义	Constructivist
旷野之息	Breath of the Wild（BOTW）
星际战甲	Warframe
宝可梦	Pokémon

续表

风格类型	提示词
Apex英雄	APEX
上古卷轴	The Elder Scrolls
魂系游戏	From Software
底特律:变人	Detroit: Become Human
剑与远征	AFK Arena
跑跑姜饼人	Cookie Run: Kingdom
英雄联盟	League of Legends
JoJo的奇妙冒险	JoJo's Bizarre Adventure
新海诚	Makoto Shinkai
副岛成记	Soejima Shigenori
山田章博	Yamada Akihiro
六七质	Munashichi
水彩儿童插画	Watercolor Children's Illustration
吉卜力风格	Ghibli Studio
彩色玻璃窗	Stained Glass Window
水墨插图	Ink Illustration
宫崎骏风格	Miyazaki Hayao Style
梵高	Vincent Van Gogh
达·芬奇	Leonardo Da Vinci
点彩派	Pointillism
克劳德莫奈	Claude Monet
绗缝艺术	Quilted Art
科幻、奇幻、油画	John Haris
干净、简约	Jon Klassen
伊藤润二（恐怖漫画）	Junji Ito
日本漫画家《声之形》	Koe No Katachi
手冢治虫	Qsamu Tezuka
超现实主义	Rene Magritte
奇幻、光学幻象	Rob Gonsalves
几何概念艺术	Sol LeWitt

续表

风格类型	提示词
线条流畅、精美	Yusuke Murata
数字混合媒体艺术	Antonio Mora
细腻、机械设计	Yoji Shinkawa
国家地理	National Geographic
超写实主义	Hyperrealism
电影般的	Cinematic
建筑素描	Architectural Sketching
对称肖像	Symmetrical Portrait
清晰的面部特征	Clear Facial Features
室内设计	Interior Design
武器设计	Weapon Design
次表面散射	Subsurface Scattering
游戏场景图	Game Scene Graph

最后是 Midjourney 提示词独有的后缀参数，如表 6-8 所示。

表 6-8

参数	说明
--ar n:m	图片尺寸宽:高（Aspect Ratios），如--ar 16:9
--chaos 0 ~ 100	变异程度，默认为0。数字越大，图片生成的想象力越大，如--chaos 50
--iw 0 ~ 2	参考图权重，值越大，参考图的权重越大，默认为1，如--iw 1.25（仅在v5或者niji5模型下有效）
--no 元素	排除某些元素，如--no plants，即生成图中不包含plants
--q <0.25, 0.5, 1>	指定生成图的质量，默认为1，如--q 0.5（仅在v4、v5或niji 5下有效）
--style raw	减少Midjourney的艺术加工，生成更摄影化的图片，如--style raw（只在v5.1下有效）
--style <cute, expressive, original, or scenic>	设置动漫风格：可爱、表现力、原始或者风景，如--style cute（只在--niji 5下有效）
--s（或--stylize） 数字	设置Midjourney的艺术加工权重，默认为100，如--s 100。取值范围：0 ~ 1000（v4或v5），626 ~ 60000（v3），niji模式下无效
--niji	模型设置。设置为日本动漫风格模型，如--niji，也可以写成--niji 5（目前 5 可以省略）
--v <1 ~ 5>	模型设置。设置模型版本，如--v 5

提示词介绍完毕后，给 ChatGPT 几个例子，方便其理解以上词组的使用。

科幻城市风景公式，设计提示词如下。

Futuristic cityscape, towering skyscrapers with high-tech designs, neon lights at night, reflections on wet surfaces, surreal perspective, cinematic lighting --ar 16:9

翻译：未来都市风景，高耸的高科技设计摩天大楼，夜晚的霓虹灯光，湿润地面的反射，超现实视角，电影般的灯光 --比例 16:9

古典肖像画公式，设计提示词如下。

Young woman in 18th-century European court dress, Baroque style, detailed garden background, soft side lighting, portrait orientation --v 4

翻译：18 世纪欧洲宫廷服装的年轻女子，巴洛克风格，精致的花园背景，柔和的侧光，肖像布局 --版本 4

自然风光公式，设计提示词如下。

Alps mountains, majestic waterfall, autumn twilight, golden sunlight, peaceful and serene, high definition wide angle --ar 16:9

翻译：阿尔卑斯山，雄伟的瀑布，秋季黄昏，金色的阳光，宁静祥和，高清广角 --比例 16:9

动态运动场景公式，设计提示词如下。

Street basketball, diverse young players, urban park court, dynamic jump shot, freeze frame effect, real-time lighting --v 4

翻译：街头篮球，多元种族的青年球员，城市公园球场，动态跳投，时间冻结效果，实时光影 --版本 4

神话故事场景公式，设计提示词如下。

Norse mythology, Loki tricking humans, ancient Nordic village, fantasy illustration style, dark mysterious tones, rich details --ar 16:9

翻译：诺斯神话中的洛基，变形戏弄人类，古老北欧村落，幻想插画风格，昏暗神秘色调，细节丰富 --比例 16:9

以上是关于 Midjourney 提示词的素材，接下来继续提示 ChatGPT 在本次任务中需要回答的格式，并举一个详细的问答实例，设计提示词如下。

参考关键词套用公式，我会给你留个职业形象照的提示词书写方法，你要注意格式，尤其是摄影方面的词汇。

再给你一个提示词的例子：我向你说"粉红色连衣裙的女士，写实风，超高细节"。

你帮我生成提示词，默认直接我要的格式，生成中文和英文的对应提示词，不要回答其他的问题。

你的回答可以是"中文：摄影师 Renhang 和 Sandara Tang 拍摄。半身照，全身照，一位穿粉红色连衣裙的女士，头发披肩，手持文件夹，专注工作状态，微笑面对镜头，风格以微妙的色调为主，闪亮/光泽，纯色，纯白背景，独特的美感，商业形象照，美观且新颖的拍摄角度，专业的人像灯光，工作室灯光，商业感，专业摄影，极其详细，超高清，最大细节，超级详细，HDR，16K，最佳逼真。--ar 3:4

英文：Photography by Renhang and Sandara Tang. Half body shot, body shot, a woman in a pink dress, hair down, holding a folder, in a focused working state, smiling at the camera, in the style of subtle non-chromatic tones, shiny/glossy, pure color, pure white background, unique beauty, business picture, beautiful and novel shooting angle, professional portrait lighting, studio lighting, business sense, professional photography, extremely detailed, ultra HD, max detail, hyper-detailed, sharp details, amazing quality, super detail, incredibly detailed, HDR, 16K, best realistic. --ar 3:4 "

训练的最后，再表明 ChatGPT 需要做的事情。末尾可以让 ChatGPT 直接执行任务，也可以让 ChatGPT 理解整个过程，并作出回应，设计提示词如下。

提供完毕。以上你要全部学习，然后我给你一段简单的描述，你根据我的描述生成符合"画面主体+主体细节+主角行为+艺术形式+光线效果+色彩风格+其他细节+图片尺寸"格式要求的中英文提示词，具体细节你根据我的描述自己发挥。注意格式不要少，尤其是和描述相关的细节。

如果你明白需要做的事情，只需要回答我 OK 即可。

以上就是使用 ChatGPT 训练 Midjourney 提示词的全过程。训练完成之后，需要使用一个小案例来检验训练成果。现在指示 ChatGPT 生成一个表情细腻的和服女孩形象，设计提示词及回答结果如图 6-23 所示。

现在给我一个提示词要求：一个穿日本和服的长发女孩，非常真实和细腻的面部表情，忧伤，漫天飞舞着樱花，背后是富士山，身旁有一只猫，真实感超强 宽高比为9：16。

中文：
"一个超级真实的场景图像，一个穿着日本和服的长发女孩，面部表情非常真实和细腻，表情忧伤。漫天飞舞的樱花，背后是富士山，身旁有一只猫。真实感超强，8K，超级细节，3D，深度场景，光线追踪，复杂的细节，艺术背景，超级细节，纯色背景，细腻的质地，OC渲染，超高清，全身照，3D渲染，8K --ar 9:16 --q 2"

英文：
"A super realistic scene image, a long-haired girl wearing a Japanese kimono, the facial expression is very realistic and delicate, with a sad expression. Cherry blossoms are flying all over the sky, Mount Fuji is in the background, and there is a cat by her side. The sense of reality is super strong, 8K, super detail, 3D, depth of field, light tracking, complex details, art background, super detail, solid color background, fine texture, OC render, ultra HD, full body shot, 3D rendering, 8K --ar 9:16 --q 2"

↻ Regenerate

图 6-23

在 Midjourney 中，该提示词生成效果如图 6-24 所示。

图 6-24

经过本节的阐述，可以了解到如何利用 ChatGPT 为 Midjourney 生成高质量的提示词。通过实例验证，观察到通过训练得到的提示词可以有效地指导 Midjourney 生成满意的艺术作品，这证明了本章所提方法是有效的。随着 AI 技术的进一步发展和优化，可以预见到将有更多的创意工作者会利用这一工具。未来，Midjourney 将不仅局限于视觉艺术领域，在音乐、文学、设计等多个创意领域中都将发挥巨大的影响力。最终，这种跨学科的技术融合将为人类的创造表达开辟新的领域，带来更加多样和深刻的艺术体验。

6.3　初步应用体验：与 Midjourney 交互体验

目前，AI 技术已经成为艺术创作的一大助力，Midjourney 作为一个前沿的视觉艺术创作工具，提供了一种全新的与艺术互动的方式。本节旨在通过初步的实际应用体验，探索 Midjourney 的生图技术以及如何将真人图片转为动漫照片，帮助用户可以更深入地理解其在艺术创作中的角色和功能，以及它如何激发出用户的创造力和想象力。

通过一系列的学习，用户已经初步了解了 Midjourney 使用的逻辑，接下来可以描述一下 Midjourney 的特点，让 ChatGPT 将 Midjourney 拟人化的形象用文字描述出来，例如，可以给 Midjourney 做一个形象自拍照。

（1）一个充满艺术灵感的女性形象，创意十足，激发无限想象，双手持画笔，身着艺术家的服装，周围飘扬着绚丽的色彩和创意点子。--ar 9:16

（2）一位拥有神奇绘画技能的女性艺术家，笔下流淌着魔幻的绘画，身披绚丽斗篷，眼中闪耀着创造的光芒，身后是绘画的奇幻世界。--ar 16:9

（3）一名拥有未来感的女性艺术家，身穿时尚科技服装，手持光影画笔，绘制出华丽的光影艺术，周围是激动人心的未来科技景观。--ar 3:4

第一个场景很好，改为 Midjourney 提示词。

An artistic and creatively inspired female character, exuding endless imagination, holding paintbrushes in both hands, dressed in an artist's outfit, surrounded by vibrant colors and creative ideas. --ar 9:16

生成的图片如图 6-25 所示。

第一张照片很贴切。再设计一个卡通头像，输入以下内容。

/imagine prompt:https://cdn.discordapp.com/attachments/1131920824 857808988/1136514781222 809630/leolau2012_An_artistic_and_creatively_ inspired_female_character_04183ac2-d04c-4189-87b3-320c8951df8f.png

Portrait of a girl Pixar film style --iw 2 --seed 2502847509 --ar 1:1

　　-- iw 的意思是参考原图的权重范围是 0 ~ 2（v6 模型参数范围为 0 ~ 3），2 是最大值，此处希望跟原图越像越好。

图 6-25

　　生成的图片如图 6-26 所示。

图 6-26

图 6-26 中第四张图片和原图很相似，可以通过变化功能让图片上的女性年龄显得小一些。单击 V4 按钮，结果如图 6-27 所示。

图 6-27

一个皮克斯风格的头像就出来了，如果觉得不像还可以反复刷新和调整。

6.4　图像处理功能：拓展创意边界

假如想生成一个炫酷的、充满未来科技感的建筑，就要设计对应的提示词。这会碰到词汇量不够或者表述不够形象的情况，此时可以使用/describe 功能反推提示词。

找到一张可以表达自己想法的建筑图片，如图 6-28 所示。

图 6-28

让 Midjourney 描述图片，如图 6-29 所示。

通过图片反推提示词中，第二个符合要求。因此要生成一个城堡，可设计提示词如下。

```
the futurist koloni castle/ by zge aydoan, in the style of 1970s, die
brücke, circular shapes, mountainous vistas, minolta riva mini, concrete,
soft-edged --ar 10:7
```

生成的图片如图 6-30 所示。

Midjourney Bot ✔机器人 今天13:02

1 a building with a large circular structure on top of it, in the style of rollei prego 90, nature's wonder, die brücke, hallyu, neo-concretism, terraced cityscapes, transavanguardia --ar 10:7

2 the futurist koloni building / by zge aydoan, in the style of 1970s, die brücke, circular shapes, mountainous vistas, minolta riva mini, concrete, soft-edged --ar 10:7

3 architecture of the modern world, in the style of webcam photography, paolo soleri, concretism, monumental vistas, brutalist architecture, hallyu, terraced cityscapes --ar 10:7

4 the yolovo odinoosivo, baleno city, russia image, in the style of ricardo bofill, spiral group, fujishima takeji, hallyu, joong keun lee, pont-aven school, contax t2 --ar 10:7

图 6-29

生成的结果有科技感的味道，但是还需要进行调整。比如，建筑的位置在山峰上，在城市中更符合科技感的需求。因此调整提示词如下。

the futurist::2 koloni castle by zge aydoan, in the city center, die brücke, minolta riva mini, soft-edged --no mountain --ar 10:7

生成的图片如图 6-31 所示。

图 6-30

图 6-31

图片大致满足需求，按该风格增加一些现实的元素就好。设计提示词如下。

a photo of the futurist::2 koloni castle by zge aydoan,Full details,
in the city center, die brücke, minolta riva mini, soft-edged,Quixel
Megascans Render,Realistic,ultra HD,8K, --no mountain --ar 10:7

生成的图片如图 6-32 所示。

图 6-32

经过比较，图 6-32 中第一张图的效果最满足需求。单击 V1 按钮，生成 4 张风格和图 6-32 中第一张图类似的照片，生成的图片如图 6-33 所示。最终挑选一张最满意的图片。

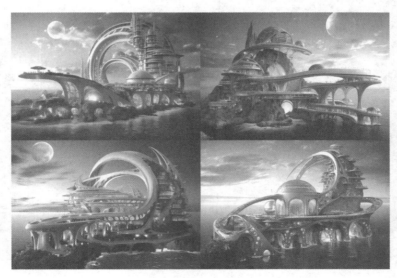

图 6-33

这次创作不仅实现了设计要求，还进行了更精细化的调整，最终完成了所需要的炫酷、充满未来科技感的建筑图片。

第 7 章 | Midjourney 在商业领域的

应用

7.1　卡通形象设计：Midjourney 辅助角色创作

AI 的一大应用场景就是卡通形象的设计，特别是用于广告、电影、游戏和各种商业推广的原创知识产权（Intellectual Property，IP）形象。卡通形象设计不仅是一个技术应用过程，更是一个深入理解文化符号和观众心理的创意过程。本节将探讨设计一套卡通形象的具体步骤，并诠释基于原有的卡通形象生成新卡通形象的对应方法。

第一步：确定目标观众。

设计任何一款产品，第一步都是要明确产品的目标观众。这一步对于卡通形象的设计尤为重要，因为不同的观众群体可能会对同一形象有截然不同的反应。例如，未成年观众可能更喜欢可爱、简单明了的角色，而成年观众则可能更欣赏具有复杂性格和背景故事的角色。此外，还需要考虑是面对消费者设计，还是为某个具体的公司或品牌设计。这些因素都会深刻影响角色设计的风格和内容。

第二步：确定 IP 的性格。

一旦确定了目标观众，下一步就是定义这些卡通形象的核心性格。性格的设定不仅影响角色的行为和对话，还会影响角色的外观设计和可能的故事情节。例如，一个活泼的角色可能会有明亮的颜色和动感的设计元素，而一个严肃的角色设计可能造型更加简洁，色彩更为沉稳。在本节中，设计师需要为每个生肖角色设计一个独特的性格特征，如勇敢的虎、机智的猴等，这些性格将指导 AI 后续的视觉表现和行为特征的设计。

第三步：拟定创作计划。

创作计划是将创意转化为实际操作的蓝图，包括时间线、关键里程碑和预期的资源需求。例如，设计团队需要决定完成初稿的时间，开始用户测试的时间，以及做最终修改的时间。此外，这一阶段还应该定义项目的具体需求，如分辨率、格式和颜色方案，这些都直接关系到后续的生产和市场应用。

第四步：绘制初稿和深化修正。

根据前面的计划和设定，设计师开始绘制角色初稿。这通常需要大量的草图，用于探索不同的设计方向。初稿之后，设计师需要进行反复修改和深化，这一阶段可能需要多次与客户或目标观众进行交流，以确保设计符合客户的期望和市场需求。对于十二生肖的设计，每一个角色不仅要具有独特的个性，还需要有统一的风格元素，以确保系列的整体协调性。

第五步：设计衍生品。

完成主要角色设计后，通常会设计相关的衍生品，如玩具、衣物或其他商品。这要求设计师考虑如何将角色特征和风格转化为不同的产品形式。例如，某个生肖角色的独特姿势和装扮可能会被用来设计一款动作玩具，而它的某个标志性配件或颜色可能会被用来设计服装。

后续步骤与沟通要点如下。

在整个设计过程中，与客户的沟通至关重要。这不仅包括定期的进度更新，还包括对设计方案的讨论和调整。在进行创作中，设计师需要不断与客户沟通，确保设计方向和最终输出符合客户的期望。这一过程可能涉及多次修改提示词，反复测试直至达到最佳效果。同时，背景的选择（如是否使用单一的白色背景）也是基于如何更好地展示和应用这些形象而做出的考虑。

通过上述卡通形象的设计步骤，可以看到，设计一套卡通形象不仅仅是艺术创作，更是一系列复杂决策和技术实践的综合体。从确定目标观众到细化每一个角色的性格，再到实际的视觉实现和商品化，每一步都需要精确的计划和灵活的应对策略。而 AI 技术的加入，让这一过程更加高效，使得个性化和创新成为可能。

下面为一个针对儿童或者动漫企业设计的帅气的寅虎 IP 形象和可爱的子鼠 IP 形象的演示案例。

首先使用 ChatGPT 设计出生成该 IP 的提示词，经过调整后设计的提示词如下。

我想设计一套十二生肖拟人化的卡通 IP 形象，每一个生肖都有自己的性格，穿着符合自身性格的特色服饰，还有自己的招牌（pose）。根据这个想法，帮我设计寅虎和子鼠的提示词，注意，所有图片的背景要是白色的。

最终得到寅虎的提示词如下。

A charismatic cartoon tiger with striking orange and black stripes exuding a powerful and confident aura. The tiger wears a traditional Chinese martial arts uniform, complete with a black belt and golden accents, showcasing a blend of strength and elegance. The character stands in a dynamic martial arts pose, one paw raised in a poised position, ready for action. The background is a solid white, emphasizing the tiger's strong and commanding presence. --ar 9:16

生成图片如图 7-1 所示。

图 7-1

子鼠的提示词如下。

A cute cartoon mouse with bright black eyes and lively ears, wearinga fresh blue dress adorned with delicate floral patterns on the skirt.The blue dress is paired with red little shoes, and she has a pink bow hairpin on her head. She stands in a playful and adorable pose,waving with her right hand, clenching her left fist, and displaying a radiant smiling expression. The background is pure white, highlighting the fresh and lovely theme, in the style of ZBrush, white,cartoon characters, unreal engine 5, sculpted, commission for,Kidcore --ar 16:9

生成图片如图 7-2 所示。

图 7-2

还可以设置用不同的模型，比如动漫风格的 niji 6 模型，如图 7-3 所示。

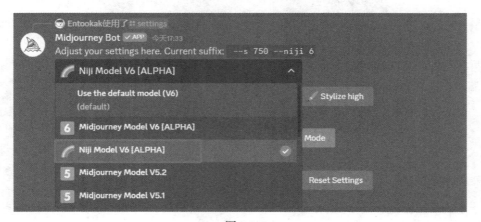

图 7-3

提示词不变，生成结果如图 7-4 所示。

图 7-4

第一张图片看起来不错，单击 U1 按钮放大图片，效果如图 7-5 所示。

图 7-5

7.2　商标设计：Midjourney 助力品牌标识

一个能够凸显品牌独特性与识别度的商标是很重要的。良好的视觉识别系统能够帮助企业在众多竞争者中脱颖而出，塑造独特的品牌形象。设计商标不仅是一个艺术过程，更是一个需要综合考虑市场定位、文化因素和技术实现的策略过程。本节将深入探讨商标设计的基本原则、色彩的运用和 AI 在商标设计中的应用，以及商标设计的未来趋势。

7.2.1　商标设计的基本原则

商标设计应遵循以下基本原则。

1. 简洁性

简洁的设计不仅便于消费者记忆，也方便在各种媒介上的应用，如在名片、广告牌等不同媒介上，都能保持清晰的视觉效果。简洁性意味着去除多余的装饰，突出核心元素，使商标即使在极简的形式下也能被轻易识别。

2. 独特性

商标需要具有独特性，这是区分竞争对手和建立品牌识别度的关键。一个好的商标应当避免与行业内其他商标相似，确保在消费者心中建立一个明确的品牌形象。例如，苹果公司的商标是一个被咬了一口的苹果，该商标独特的设计理念，使其无论在何种色彩表现下，都能被全球消费者即刻识别。

3. 相关性

商标设计必须与公司的业务、产品或服务紧密相关，以确保商标能够准确传达公司的业务范围和品牌精神。例如，如果是一家食品公司，其商标中可能需要包含食物元素，这样的设计能更直观地与其业务关联起来。

7.2.2　色彩的应用

色彩在商标设计中扮演着至关重要的角色。不同的颜色能够激发不同的情感和联想，因此选择合适的色彩组合可以有效地传达品牌的情感寓意和价值观。

1. 色彩心理学

每种颜色都有其特定的心理效应。例如，红色常用来表达热情和力量，绿色与自然和健康相关联。在设计商标时，需要考虑这些颜色所代表的属性是否与企业的形象相符。

2．视觉冲击和识别度

在色彩的运用上，设计商标时应考虑到不同的应用场景。例如，在没有颜色的环境下（如单色打印），商标仍然需要保持高辨识度。这就要求设计师在商标的形状和构图上做出精心设计，确保即使在没有色彩的情况下商标也能被轻易识别。

3．文化差异

色彩的文化寓意在国际化的商标设计中尤为重要。相同的颜色在不同的文化背景下可能会引起截然不同的感受和反应。因此，深入研究目标市场的文化背景，选择恰当的色彩组合，对国际市场中的品牌传播尤为关键。

7.2.3　AI 在商标设计中的应用

随着 AI 技术的发展，AI 已经开始在商标设计领域中发挥作用。AI 可以通过分析大量的设计数据，生成创意建议，甚至自动生成设计方案。这不仅可以大大提高设计效率，也为设计师提供了无限的创意空间。

1．自动生成设计元素

AI 可以根据特定的设计要求和参数，自动生成商标的基本形状、图案和色彩组合。这对于初创企业或需要快速产出设计方案的情况非常有用。

2．优化设计决策过程

AI 技术能够通过算法分析来优化设计决策过程。例如，AI 可以对已有的设计草案进行评估，根据品牌定位和市场反馈提出改进建议。它还可以通过模拟不同设计在市场上的表现，帮助设计师和企业选择最具影响力的标志。这种方法减少了主观偏差，使设计决策更加科学和准确。

3．实时迭代与调整

AI 设计工具通常具备实时反馈能力，能够即时展示设计修改后的效果。这不仅加速了设计流程，也允许设计师在创作过程中更灵活地改进和变化内容。设计师还可以利用 AI 工具进行多种试验和调整，快速迭代出多个版本，极大地提高了工作效率和创作的多样性。

4．学习与适应新趋势

AI 不仅可以处理和分析历史数据，还能通过持续学习最新的设计趋势和技术进步，不断更新其设计建议和输出。这使得商标设计能够紧跟时代的步伐，反映现代审美和消费者期待。例如，AI 可以识别出流行的设计元素和颜色搭配，并将这些元素融入新的商标设计中，确保品牌形象的现代感。

5. 个性化定制

借助 AI 的高度可定制性，企业可以为不同的客户群体创建更加个性化的标志设计。AI 可以分析特定市场或消费者群体的偏好，设计出更符合目标客户期望的商标。这种个性化定制不仅增强了消费者的品牌归属感，也提高了品牌在特定市场的认可度。

商标设计也是 Midjourney 的附属功能，它还有可以任意更换元素的特征。Midjourney 强大的理解力将设计师天马行空的想象变为现实，由 AI 设计的教学机构商标案例，提示词如下。

Al Teaching Agency Trademark, minimalist modern style, saucyred and green color scheme, oval shape

生成结果如图 7-6 所示。

图 7-6

用提示词控制画面中出现手和发芽的种子，设计提示词如下。

Logo of a teaching institution in a minimalist modern style, with a red and green color scheme, containing a sprouting seedling and a hand element.

生成结果如图 7-7 所示。

图 7-7

7.2.4　商标设计的未来趋势

随着技术的发展和市场需求的变化，商标设计的未来趋势也在不断发展。未来商标设计的重要方向包括以下四个方面。

1. 环境友好性

随着全球对环保的重视，越来越多的品牌开始将环保作为其核心价值之一。商标设计也开始迎合这一趋势，采用可持续材料和技术进行设计和生产。环境友好性的商标设计不仅限于使用绿色元素，更在于传达一种对地球负责任的品牌承诺。

2. 文化多元性

全球化市场要求品牌具备更高的文化敏感性和包容性。商标设计将更加注重文化多元性，尝试在设计中融入更多文化元素和符号，以吸引全球的消费者。这种设计策略有助于品牌与不同文化背景的消费者建立深厚的情感联系。

3. 数字化与互动性

随着数字技术的普及，未来的商标设计将更加重视网络环境中的表现。商标设计可能需要适应各种数字媒介和交互场景，如虚拟现实、增强现实和社交媒体。同时商标设计也需要具有互动性，如动态标志或能够响应用户操作的标志，从而为用户提供更加丰富的体验和更高的参与度。

4. 技术整合

未来的商标设计可能会更多地整合新兴技术，如区块链、AI 和物联网，以创造更智能、更安全的品牌表达方式。例如，区块链技术可以用于验证商标的真实性和独特性，增加品牌的信任度。

商标设计是一个不断进化的领域。随着技术的发展和消费者需求的变化，设计师和企业需要不断学习和适应新的设计方法和工具。通过融合传统艺术与现代技术，创造出既有美感又具功能性的商标，将是品牌在未来市场竞争中取得成功的独特优势。

7.3 无版权素材生成：AI 自动生成图库内容

在数字化设计工作中，视觉素材和用户界面（User Interface，UI）设计元素的需求日益增长。设计师们经常需要高质量的图像和素材以支撑他们的创作。然而，这些素材往往受到严格的版权保护，使用未经授权的版权素材不仅可能导致法律风险，还可能带来高额的成本。因此，能够生成无版权、自定义且具有独特风格的素材对于设计师来说是一个重要的需求，AIGC 技术提供了一种有效的解决方案。

1. AIGC技术的介绍和应用

AIGC 技术能够根据用户输入的内容自动生成图像、文本、音乐等内容。尤其在图像生成领域，AIGC 技术如今已经能够根据简单的描述生成复杂的图像，甚至模仿特定的艺术风格。

使用 AIGC 技术生成 UI 素材的一大优势是，所有生成的图像均为原创内容，不受现有版权的限制。这意味着设计师可以自由地使用这些图像，而无须担心版权问题。此外，AIGC 技术具有高度的定制性，可以根据特定需求调整生成的图像样式、尺寸和颜色等。

在实际操作中，设计师可以通过以下步骤使用 AIGC 技术生成 UI 素材。

（1）定义需求：明确所需素材的要求，包括风格、颜色、元素等。这一步是生成满意结果的关键。

（2）选择工具：选择一个支持自定义生成的 AIGC 工具。市场上有多种工具可供选择，每种工具都有其特点和优势。

（3）输入描述：在工具中输入对所需图像的描述。这一描述应尽可能详细，包括风格、颜色、主要元素等信息。

（4）生成与调整：生成初步图像，并根据需要进行调整。大多数 AIGC 工具支持迭代调整，即基于反馈继续优化图像。

（5）下载与应用：一旦生成的图像符合需求，即可下载并应用于实际的设计项目中。

2. 生成风格一致的图库

在使用 AIGC 技术时，还可以设定特定的参数来确保所有生成的图像保持一致的风格和质量。例如，可以调整参考图像的权重（如通过设置权重参数-- iw），以确保新生成的图像在风格上与参考图像相匹配。

3. 去除水印的策略

如果参考的图片中含有水印，使用 AIGC 技术生成的新图像通常不会包含这些水印，这为使用网络上的参考图片提供了便利。然而，设计师在使用这些图片时应确保不侵犯原作者的版权。

使用 AIGC 技术去除水印的操作并不复杂。准备一张素材图，反推提示词，以图生图就能得到相似的素材。如果想要变化多些，在描述词前加上 different types of 即可，素材图如图 7-8 所示。

图 7-8

具体操作步骤如下。

第一步：先/describe 反推提示词，得到如下结果。

（1）a flat illustration of business people working in the different office work spaces, in the style of minimalist nature studies, reductionist form, colorful animation stills --ar 82:49

（2）set of people working in a business office, in the style of minimalist nature studies, relatable personality, artifacts of online culture, commission for, colorful animations --ar 82:49

（3）flat emojis with a woman working at her desk by, in the style of abstract and conceptual sketches, light navy and amber, minimalist nature studies, group material, 3840×2160, charming characters, Caffenol developing --ar 82:49

（4）four people on a desk working on work computers, pens, notebooks, etc., in the style of charming character illustrations, minimalist grids, light yellow and blue, lively interiors, masculine, feminine themes, free-associative --ar 82:49

　　第二步：使用第一条提示词文生图结果如图 7-9 所示。

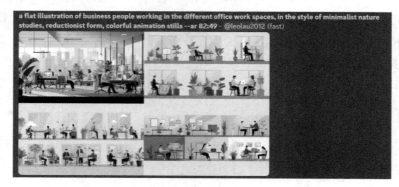

图 7-9

　　得益于 Midjourney 强大的理解能力，出图效果大致满足需求。

　　第三步：测试图生图的效果，设计提示词如下。

/imagine prompt:https://cdn.discordapp.com/ephemeral-attachments/1092492867185950852/113 7664229311266906/94b6551def67e813.jpg different types of flat illustration of business people working in the different office work spaces, in the style of minimalist nature studies, reductionist form, colorful animation stills --ar 82:49

　　生成结果如图 7-10 所示。

图 7-10

第 8 章　Stable Diffusion 的入门与应用指南

8.1　Stable Diffusion 的计算机配置说明与本地部署注意事项

8.1.1　安装注意事项

1. 网络要求

在安装 Stable Diffusion 时，需要科学网络支持。

2. 存储空间

Stable Diffusion WebUI 的安装包体积较大，大约需要十几 GB 的存储空间。在正常使用时，用户可能需要安装额外的模型插件或使用缓存功能，但这会进一步增加对存储空间的需求。因此，我们建议至少保留 40 GB 的空间。如果用户的设备空间有限，可以考虑安装体积更小的版本，如 Vlad Diffusion。

3. 技术知识

安装过程中可能会涉及一些技术细节，例如安装 Python 等，应尽量提供详尽的教程，但仍可能有遗漏或难以理解的部分。如果用户遇到棘手的问题，应尽快寻求专业人士的帮助。

8.1.2　配置要求

1. 最低硬件要求

在部署 Stable Diffusion 之前，应确保用户的计算机至少满足以下基础硬件要求。

显卡：用户需要拥有至少 8 GB 显存的 NVIDIA 显卡，支持 RTX 系列或 GTX 10 系列及以上配置。因为 Stable Diffusion 需要足够的显存来处理数据，并且依赖于特定显卡的计算能力。

存储空间：确保用户本地磁盘至少有 40 GB 的空闲空间。因为安装包、模型文件及其生成的数据都需要占用相当的空间。

2. 查看显卡信息

需要确认用户系统符合显卡要求，可以通过以下步骤在 Windows 中查看。

（1）按 Win + X 组合键，然后选择"任务管理器"命令（同时按 Ctrl + Shift + Esc 组合键，或右键单击 Windows 开始菜单）。

（2）在任务管理器中，单击左侧的"性能"标签，然后选择 GPU。

（3）查看"专用 GPU 内存"一项，确保其至少为 8 GB。

3. 推荐Python版本

虽然 Stable Diffusion 可以在不同版本的 Python 上运行，但推荐使用 Python 3.10.x 系列，因为新版 Python 可以提供更好的性能和兼容性。用户可以从 Python 官网下载并安装合适的版本。

4. 其他注意事项

操作系统：Windows 7 及以上。

依赖库：Stable Diffusion 的运行可能依赖于特定的 Python 库（建议 3.10 版本及以上），因此要确保按照官方文档安装所有必要的依赖。

8.1.3 极速安装

Stable Diffusion 的安装需要一些专业性的操作，秋叶的启动器整合包为 Stable Diffusion 提供了一个便捷的安装方式。尤其适合希望简化安装过程的初学者，后续需要安装的插件或者各种模型也有相应的备份。使用秋叶安装包的详细步骤和说明如下。

下载秋叶启动器的相关文件，如图 8-1 所示。下载完成后分四步部署 Stable Diffusion WebUI。

controlnet	-	2023-12-18 18:54
sd-webui-aki-v4.5.7z	6.4G	2023-12-18 18:57
启动器运行依赖-dotnet-6.0.11.exe	54.6M	2023-12-18 18:54

图 8-1

文件包括以下三个部分。

controlnet 文件夹：这些是 Stable Diffusion 的插件，虽然不是必需的，但对于想要扩展其功能的用户来说很有用。初学者可以先下载保存，等熟悉了 Stable Diffusion 之后再使用。

　　主压缩包：这是秋叶启动器安装包的核心部分。下载并解压此文件，里面包含了运行 Stable Diffusion 所需的大部分资源和程序。

　　启动器运行依赖：如果用户是第一次使用 Stable Diffusion 或秋叶启动器，需要下载并安装这个依赖包，以确保所有功能可以正常运行。

　　启动器运行依赖程序的界面如图 8-2 所示。

图 8-2

　　第一步：单击"修复"或者"安装"按钮并等待即可完成安装。

　　第二步：运行启动器。

　　安装启动器运行依赖程序之后，解压主压缩包，该文件夹里面有包含启动器和其他文件的根目录。打开之后部分内容如图 8-3 所示。

　　以管理员身份运行"A 绘世启动器.exe"程序，稍等片刻，启动器将自动完成所有必要的设置，并弹出 Stable Diffusion WebUI 的网址。

　　第三步：单击"一键启动"按钮。

　　启动器页面如图 8-4 所示。

📁 venv	2023/12/28 10:00	文件夹	
📄 .eslintignore	2023/6/3 19:05	ESLINTIGNORE 文件	1 KB
📄 .eslintrc.js	2023/9/1 0:35	JSFile	4 KB
📄 .git-blame-ignore-revs	2023/6/3 19:05	GIT-BLAME-IGNOR...	1 KB
⚙ .gitignore	2023/6/3 19:05	Git Ignore 源文件	1 KB
📄 .pylintrc	2022/11/21 11:33	PYLINTRC 文件	1 KB
📄 A绘世启动器.exe	2023/11/25 17:06	应用程序	2,050 KB
📄 A用户协议.txt	2023/4/15 10:28	文本文档	2 KB
📄 bilibili@秋葉aaaki.txt	2023/9/30 20:21	文本文档	1 KB
📄 B使用教程+常见问题.txt	2023/9/30 20:19	文本文档	2 KB
📄 cache.json	2023/12/27 16:46	JSON 源文件	107 KB
📄 CHANGELOG.md	2023/11/4 14:38	Markdown File	33 KB
📄 CITATION.cff	2023/9/1 0:35	CFF 文件	1 KB

图 8-3

图 8-4

单击软件右下角"一键启动"按钮，等待启动器后台加载程序。加载完成之后，程序界面出现"http://127.0.0……"的本机网址，然后计算机跳转到默认浏览器打开该网页。若没有出现跳转，可以选择复制网址到浏览器打开网页，如图 8-5 所示。

图 8-5

第四步：生成图片检验安装。

下面可以用它生成第一张图片。在界面的提示词输入框中输入想要生成的图像的描述，如 1girl，或者其他任何感兴趣的场景或对象。

单击右侧"生成"按钮开始生成。

若看到下方出现图片，即证明安装成功。效果如图 8-6 所示。

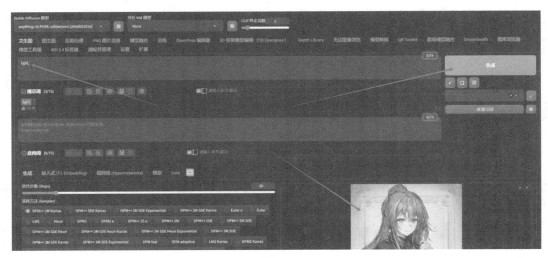

图 8-6

至此，Stable Diffusion 极速安装成功。

8.1.4 完整安装

相比于极速安装，完整安装流程下的安装流程灵活度较高。Stable Diffusion 的完整安装流程如下。

环境要求：本教程基于 Windows 11 环境。

1. Git的安装

Git 的安装地址为 https://git-scm.com/download/win，网址页面如图 8-7 所示。

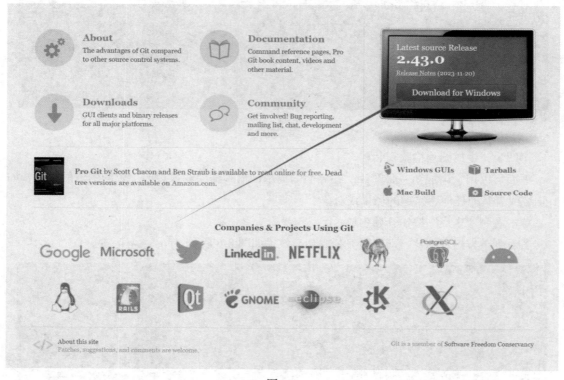

图 8-7

单击 Download for Windows 按钮，在下载页面选择适合用户计算机系统版本的软件下载。通常下载页面顶部是完整版安装包链接，底部是便携版安装包链接。单击对应型号即可打开链接，如图 8-8 所示。

下载完成后，打开安装文件并按照提示操作。通常情况下，保持默认设置即可，安装程序界面如图 8-9 所示。

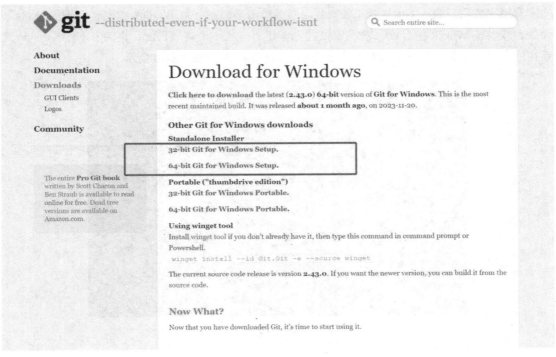

图 8-8

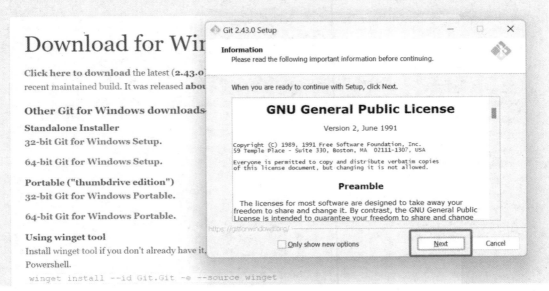

图 8-9

安装完成后，验证 Git 是否正确安装。右键单击桌面左下角 Windows 图标，选择"运行"命令，或者按 Win+R 组合键，输入 cmd 按回车键，进入一个终端页面，再输入 git --version 之后按回车键。如果安装成功，它将显示已安装的 Git 版本，如图 8-10 所示。

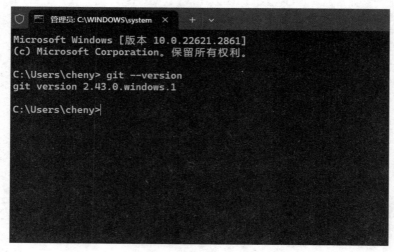

图 8-10

2. Python的下载和安装

输入 https://www.python.org/downloads/，向下滚动找到需要的版本（建议使用 Python 3.10.6 版本）并单击对应的 Download 按钮，如图 8-11 所示。

图 8-11

选择自己所需的版本型号，下载并安装。本节选择 64 位版本的安装包，如图 8-12 所示。

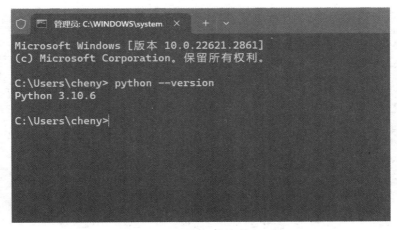

Full Changelog

Files

Version	Operating System	Description	MD5 Sum	File Size	GPG
Gzipped source tarball	Source release		d76638ca8bf57e44ef0841d2cde557a0	25986768	SIG
XZ compressed source tarball	Source release		afc7e14f7118d10d1ba95ae8e2134bf0	19600672	SIG
macOS 64-bit universal2 installer	macOS	for macOS 10.9 and later	2ce68dc6cb870ed3beea8a20b0de71fc	40826114	SIG
Windows embeddable package (32-bit)	Windows		a62cca7ea561a037e54b4c0d120c2b0a	7608928	SIG
Windows embeddable package (64-bit)	Windows		37303f03e19563fa87722d9df11d0fa0	8585728	SIG
Windows help file	Windows		0aee63c8fb87dc71bf2bcc1f62231389	9329034	SIG
Windows installer (32-bit)	Windows		c4aa2cd7d62304c804e45a51696f2a88	27750096	SIG
Windows installer (64-bit)	Windows	Recommended	8f46453e68ef38e5544a76d84df3994c	28916488	SIG

图 8-12

下载完成后，打开安装文件。在安装界面中，请确保勾选了 Add Python 3.10 to PATH 复选框。

这样就可以在命令行中直接使用 Python 了。按照提示完成安装之后，用同样的方法按 Win+R 组合键，输入 cmd 按回车键，输入 python --version，再次按回车键后，若看到版本型号，即表示安装成功，如图 8-13 所示。

```
管理员: C:\WINDOWS\system    ×    +  ∨

Microsoft Windows [版本 10.0.22621.2861]
(c) Microsoft Corporation。保留所有权利。

C:\Users\cheny> python --version
Python 3.10.6

C:\Users\cheny>
```

图 8-13

3. Stable Diffusion WebUI的下载和安装

如果已经成功安装了 Git 和 Python，接下来就能安装 Stable Diffusion WebUI 了。

（1）下载 Stable Diffusion WebUI。

选择想要的安装位置，单击鼠标右键并选择 Open Git Bash here，打开一个 Git Bash 窗口。操作界面如图 8-14 所示。

图 8-14

若要使用 Git 复制 Stable Diffusion WebUI 的库，则输入以下命令并按回车键。

git clone https: //github.com/AUTOMATIC1111/stablediffusion-webui.git

如果选用复制粘贴的方式复制库，则单击鼠标右键并选择 Paste。界面如图 8-15 所示。

图 8-15

等待下载完成后，打开文件夹，找到 webui-user.bat 文件，如图 8-16 所示。单击鼠标右键，选择"以管理员身份运行"命令。

📄 styles.csv.bak	2023/12/3 20:08	BAK 文件	1 KB
📄 ui-config.json	2023/12/29 9:52	JSON 源文件	182 KB
📄 webui.bat	2023/8/27 11:04	Windows 批处理文件	3 KB
📄 webui.py	2023/12/21 20:02	Python 源文件	6 KB
📄 webui.sh	2023/9/1 0:35	sh_auto_file	9 KB
📄 webui-macos-env.sh	2023/9/1 0:35	sh_auto_file	1 KB
📄 webui-user.bat	2023/12/21 19:59	Windows 批处理文件	1 KB
📄 webui-user.sh	2023/8/27 11:04	sh_auto_file	2 KB

图 8-16

（2）运行 WebUI。

运行界面如图 8-17 所示。

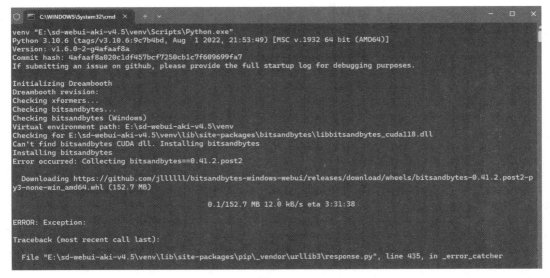

图 8-17

启动成功后，通常会自动打开一个浏览器窗口显示 WebUI，或者会在命令提示符中提供一个网址。用户可以复制并粘贴该网址到浏览器中访问。网址如图 8-18 所示。

（3）输入提示词。

成功运行的 WebUI 界面如图 8-19 所示。

生成的基本步骤与 8.1.3 节中的步骤基本一致。检查参数后输入提示词 1girl，并单击右上方"生成"按钮，得到图片。这样即可证明整个安装过程已完成。

```
File "C:\Users\cheny\AppData\Local\Programs\Python\Python310\lib\os.py", line 215, in makedirs
    makedirs(head, exist_ok=exist_ok)
File "C:\Users\cheny\AppData\Local\Programs\Python\Python310\lib\os.py", line 215, in makedirs
    makedirs(head, exist_ok=exist_ok)
File "C:\Users\cheny\AppData\Local\Programs\Python\Python310\lib\os.py", line 215, in makedirs
    makedirs(head, exist_ok=exist_ok)
[Previous line repeated 3 more times]
File "C:\Users\cheny\AppData\Local\Programs\Python\Python310\lib\os.py", line 225, in makedirs
    mkdir(name, mode)
FileNotFoundError: [WinError 3] 系统找不到指定的路径。: 'L:\\'

---
E:\sd-webui-aki-v4.5\extensions\stable-diffusion-webui-images-browser\scripts\image_browser.py:1174: GradioDeprecationWa
rning: The 'style' method is deprecated. Please set these arguments in the constructor instead.
  image_gallery = gr.Gallery(show_label=False, elem_id=f"{tab.base_tag}_image_browser_gallery").style(grid=opts.image_br
owser_page_columns)
E:\sd-webui-aki-v4.5\extensions\stable-diffusion-webui-images-browser\scripts\image_browser.py:1174: GradioDeprecationWa
rning: The 'grid' parameter will be deprecated. Please use 'columns' in the constructor instead.
  image_gallery = gr.Gallery(show_label=False, elem_id=f"{tab.base_tag}_image_browser_gallery").style(grid=opts.image_br
owser_page_columns)
Running on local URL:  http://127.0.0.1:7860

To create a public link, set `share=True` in `launch()`.
Startup time: 267.9s (prepare environment: 205.3s, import torch: 3.3s, import gradio: 0.6s, setup paths: 0.6s, initializ
e shared: 0.2s, other imports: 1.4s, setup codeformer: 0.3s, load scripts: 52.6s, create ui: 1.8s, gradio launch: 0.5s,
app_started_callback: 1.3s).
Applying attention optimization: Doggettx... done.
Model loaded in 6.4s (load weights from disk: 0.4s, create model: 0.9s, apply weights to model: 4.5s, load textual inver
sion embeddings: 0.1s, calculate empty prompt: 0.3s).
```

图 8-18

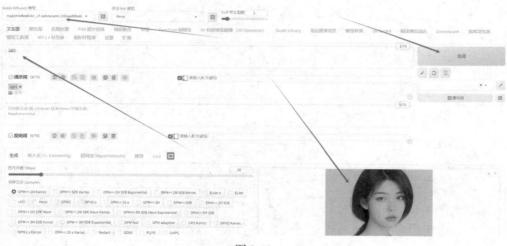

图 8-19

8.2　介绍 Stable Diffusion：使用提示词生成图片

Stable Diffusion 和 Midjourney 有两个显著的区别：首先，Stable Diffusion 可以进行本地部署，并且具有高度可配置性，而 Midjourney 则不可以；其次，Stable Diffusion 的提示词与 Midjourney 有所不同。因此 Stable Diffusion 需要用到一些特殊的"咒语"，但它也是一位艺术家，生成的作品同样令人惊艳。

现在将设计 Midjourney 中描述形象的提示词用到 Stable Diffusion 里，对比生成的结果，以如下提示词为例。

An artistic and creatively inspired female character, exuding endless imagination, holding paintbrushes in both hands, dressed in an artist's outfit, surrounded by vibrant colors and creative ideas. --ar 9:16

操作界面如图 8-20 所示。

图 8-20

生成结果如图 8-21 所示。

图 8-21

可以看到，效果很惊悚，证明上述与 Stable Diffusion 的交流方式并不合适。此时打开搜索找提示词案例生图固然是可行的方法，但是这个方式不会让我们学到 Stable Diffusion 的提示词结构。

Stable Diffusion 的提示词结构如下。

从最简单的提示词开始，输入 1girl，生成结果如图 8-22 所示。

如果出图效果有瑕疵，可以添加负向关键词，降低脸部、手部崩坏的概率，降低水印或低质量出图的概率。下面添加一系列提示词，看看生成效果，新设计的提示词如下。

图 8-22

```
ugly, tiling, poorly drawn hands, poorly drawn feet, poorly drawn face,
out of frame, extra limbs, disfigured, deformed, body out of frame, bad
anatomy, watermark, signature, cut off, low contrast, underexposed,
overexposed, bad art, beginner, amateur, distorted face
```

生成结果如图 8-23 所示。

图 8-23

显然，图片正常了很多，但我们要的是一个面向镜头的人物照片。因此需要在 Stable Diffusion 提示词里添加看镜头的短语，设计提示词如下。

```
1girl,
Looking at camera
```

生成结果如图 8-24 所示。

图 8-24

以上图片都是正面照，只是并不精美，要想让 Stable Diffusion 生成质量精美的照片，可以添加短语"杰作"，设计提示词如下。

```
1girl,
Looking at camera,
photorealistic masterpiece
```

生成结果如图 8-25 所示。

图 8-25

图片的细节精细很多，然后继续调节让人物居中，设计提示词如下。

```
1girl,
Looking at camera,
photorealistic masterpiece,
Centered portrait
```

生成结果如图 8-26 所示。

图 8-26

下面调节镜头，让 Stable Diffusion 不要制作大头贴，而是制作全身照，设计提示词如下。

```
1girl,
full body,
full-body shot
Looking at camera,
photorealistic masterpiece
```

至此，照片的提示词已经初具雏形，它模拟了人工拍照过程，就像下文中描述的场景一样。

女孩说："给我拍全身的照片。"你选择向后拉摄像头。你说："看镜头。"接着你按下快门，然后挑几张好看的照片给女孩看。最终成果如图 8-27 所示。

图 8-27

可以把其中一张图片放大，如图 8-28 所示。仔细检查一下图片。

图 8-28

这张图片看起来还行，但是有一个问题：由于没有告诉人物的拍照姿势，因此人物的姿势很随意，导致脸部出现了重影。应该如何解决这个问题呢？

（1）告诉人物站直，不要动。因此要输入如下提示词。

```
1girl,
standing,
full body,
full-body shot,
Looking at camera,
photorealistic masterpiece,
```

（2）勾选"面部修复"复选框，以降低面部出现崩坏的概率。此时再看看生成结果。操作界面与生成结果如图 8-29 所示。

图 8-29

从生成的结果中放大一张图片检查效果，放大的图片如图 8-30 所示。

图 8-30

然后让 Stable Diffusion 把人物换成坐姿，并拍摄半身照，设计提示词如下。

```
1girl,
sitting,
upper body,
medium shot,
Looking at camera,
```

```
photorealistic masterpiece
```

换一种采样方法，比如 DPM++ SDE，操作界面和生成结果如图 8-31 所示。

图 8-31

从生成的结果中放大一张图片如图 8-32 所示。

图 8-32

接下来添加中国元素，让 Stable Diffusion 生成一个中国女孩的形象，设计提示词如下。

```
1chinese girl,
```

```
perfect face,
highly detailed,
sitting,
upper body,
medium shot,
Looking into camera,
photorealistic masterpiece
```

操作界面和生成结果如图 8-33 所示。

图 8-33

到目前为止，已经可以控制 Stable Diffusion 生成女孩正对镜头的坐姿照片了。先总结一下提示词的关键点。

（1）Stable Diffusion 生成图像时只需要输入单词，而不是整个句子。

（2）Stable Diffusion 生成的图像非常灵活，但如果不善于驾驭，就容易出现超出预期的结果。

现在已经直观地体验了 Stable Diffusion 的生成功能，接下来将开始学习如何更好地驾驭它。

8.3　图像处理功能：深入了解 Stable Diffusion 的文生图功能

与 Midjourney 提示词所使用的句子不同，Stable Diffusion 的提示词需要使用单词或短语。具体规则如下。

在 Stable Diffusion AI 绘图中，正向提示词包括 masterpiece、best quality 等，可以用来描述画质和画面。反向提示词则包括 nsfw（not safe for work）、lowres、bad anatomy 等，可以根据情况选择画面不想出现的元素。提示词应包括以下几个关键点。

（1）提示权重：位置越靠前的提示词权重越大。例如，若将景色提示放在前面，则人物在图片中所占面积会相对较小；反之，人物会变大或呈现半身状态。

（2）图片大小对提示效果的影响：图片越大，则需要更多的提示，否则提示可能会相互污染。

（3）提示权重调整方法：在 Stable Diffusion 中，使用"()"可使提示词在画面中的权重变为原来的 1.1 倍，"[]"可使提示权重变为原来的 0.91 倍。

（4）提示词支持使用表情符号：Stable Diffusion 支持使用表情符号，且表现力相当出色。可以通过添加表情符号来达到表现效果。

具体提示词的创作步骤如下。

步骤 1：用换行完成三段式表达，明确核心概念后用分段进行说明。

步骤 2：在提示词第一段写明画质和画风关键字，如照片、绘画、油画等。

步骤 3：第二段强调画面主体与细节，涵盖人、事、物、景等画面核心内容，如人物主要特征、主要动作，物体主要特征，主景或景色大框架。

步骤 4：第三段补充场景细节或人物细节。

步骤 5：重复尝试与优化。不同大模型对提示的敏感程度不同，一套完善的提示在不同的模型中，表现出来的效果会有差异。每个模型都有自己的特色，这需要根据模型特色，逐步调试提示组合。

总结一下，Stable Diffusion 的提示词结构如下：

画质或者风格（照片、油画、其他……），

强调画面主体与细节（人物/对象+姿势+服装+道具），

场景（灯光、镜头）

相应的案例如下。

（1）选择画面的类型，如照片、画作。如果想要照片，即 photography。艺术风格与艺术家的对应关系如表 8-1 所示。

表 8-1

艺术风格（Artistic Style）	艺术家（Artists）
肖像画（Portraits）	Derek Gores, Miles Aldridge, Jean Baptiste-Carpeaux, Anne-Louis Girodet
风景画（Landscape）	Alejandro Bursido, Jacques-Laurent Agasse, Andreas Achenbach, Cuno Amiet
恐怖画（Horror）	H.R.Giger, Tim Burton, Andy Fairhurst, Zdzislaw Beksinski
动画（Anime）	Makoto Shinkai, Katsuhiro Otomo, Masashi Kishimoto, Kentaro Miura
科幻画（Sci-fi）	Chesley Bonestell, Karel Thole, Jim Burns, Enki Bilal
摄影（Photography）	Ansel Adams, Ray Earnes, Peter Kemp, Ruth Bernhard
概念艺术家（视频游戏）(Concept artists (video game))	Emerson Tung, Shaddy Safadi, Kentaro Miura

（2）选择主题，如人物、动物、风景，1Chinese girl 是画面的内容。

（3）选择想要添加的细节，如 perfect face、long hair、sitting desk、blue、t-shirt、glasses、classroom、natural light。

（4）选择运用场景。

一般来说特殊灯光有柔和、环境、环形灯、霓虹，环境有室内、室外、水下、太空中，色彩方案有明亮、黑暗、柔和色调。

生成结果如图 8-34 所示。

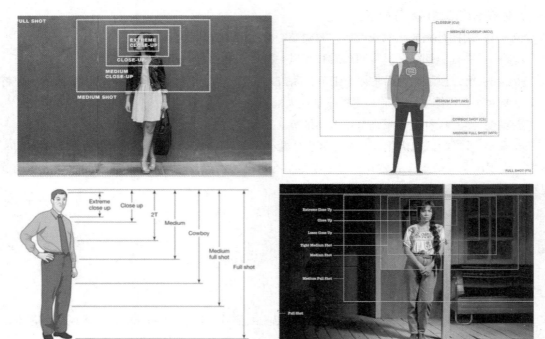

图 8-34

（5）选择图片的画质，如 Professional, 8K。画质的描述如表 8-2 所示。

表 8-2

提示词	描述
HDR, UHD, 8K	（HDR，UHD，4K，8K和64K）这样的质量词可以带来巨大的差异，提升照片的质量
Best Quality	最佳质量
Masterpiece	杰作
Highly Detailed	画出更多详细的细节

续表

提示词	描述
Studio Lighting	添加摄影室的灯光，可以为图像添加一些漂亮的纹理
Ultra-Fine Painting	超精细绘画
Sharp Focus	聚焦清晰
Physically-Based Rendering	基于物理渲染
Extreme Detail Description	极其详细的刻画
Professional	加入该词可以大大改善图像的色彩对比和细节
Vivid Colors	给图片添加鲜艳的色彩，可以为你的图像增添活力
Bokeh	虚化模糊了背景，突出了主体，像 iPhone 的人像模式
(EOS R8, 50mm, F1.2, 8K, RAW photo:1.2)	摄影师对相机设备的描述
High Resolution Scan	让你的照片具有老照片的样子或年代感
Sketch	素描
Painting	绘画

这个案例中的提示词总结如下。

Photography,

1Chinese girl,

perfect face,long hair,sitting desk,blue T-shirt,glasses,classroom,
natural light,

medium shot, Professional, 8K

生成结果如图 8-35 所示。

图 8-35

需要正向提示词和负向提示词的原因可以用相机原理解释。如果给一个人照相，相机采样框是横着的长方形，而一个站着的人是竖着的长方形，如图 8-36 所示。

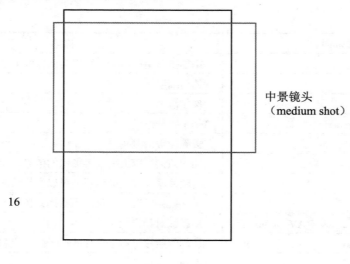

中景镜头
（medium shot）

16

9

图 8-36

在生成图片的过程中，AI 就像拿着相机在拍照，当提示词不全时，AI 多数默认的是拍摄特写，也就是使用横着的相机近距离拍摄照片。

假设拍摄的是人像，照相框横着的部分可以按照提示词拍摄出人像的上半身，但是下半部分的空间就空出来了。我们想要的是一张长的照片，下半部分也不能空着，所以 Stable Diffusion 根据模型训练数据和提示词继续把下面的部分补全，逻辑是和上半部分一样的，相当于又拍摄了一个上半身的特写放到下半身，最后融合之后就得到了两个上半身的图片。也就是出现的双头问题。

双头问题也好解决，可以让 AI 只生成比例近似 1∶1 的方图，或者是通过 AI 把镜头拉远一点，拍摄一个全身照的特写，拍摄完成之后再做成长图，即近似 1∶2 尺寸的图片。

控制照片镜头的提示词也很好记，半身像就用 half body、midium shot。全身像就用 fullbody、fullbody shot。可以选择全身像的镜头来解决双头问题，设计提示词如下。

```
Photography,
1Chinese girl,
full body,
fullbody shot,
perfect face,
highly detailed,
long hair,sitting desk,blue T-shirt,glasses,classroom,natural light,
Professional,8K
```

生成结果如图 8-37 所示。

图 8-37

放大其中一张图片，效果如图 8-38 所示。

图 8-38

通过掌握 Stable Diffusion 的提示词逻辑和权重调整方法，可以更精确地控制图像生成的效果。熟练掌握这些技术，不仅可以提升我们的创作效率，还能帮助用户在 Stable Diffusion 的图像处理功能中实现更高质量、更逼真的图像。同时也能为创作带来更多的可能性和灵感。

8.4　工具概览：Stable Diffusion 的控制工具介绍

Stable Diffusion 的控制网络插件如图 8-39 所示。

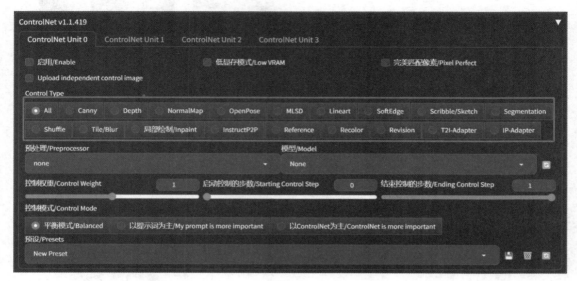

图 8-39

1.　ControlNet的简介

ControlNet 是一个专为 AI 图像生成设计的高级插件，它利用条件生成对抗网络的技术，为用户提供生成图片时增强控制能力。与传统的生成对抗网络相比，ControlNet 允许用户在图像生成过程中进行更细致的控制，从而在多种应用场景如计算机视觉、艺术设计和虚拟现实中展现其独特的价值。

在 ControlNet 出现之前，生成图像的过程时常像抽卡游戏一样充满不确定性。用户输入一些指令或提示词后，往往无法预测 AI 最终生成的图像是什么样子的。这种不确定性虽然有时能带来惊喜，但更多时候可能导致结果与用户的实际需求有较大差距。

ControlNet 的引入极大改变了这一局面。通过对条件生成对抗网络的精细控制，ControlNet 允许用户如同使用图像编辑工具一样精确调整生成图像的各个方面。例如，用户可以上传自己的线稿，让 AI 进行色彩填充和渲染；或者精确控制图像中人物的姿态、场景的布局等。这种控制能力使得生成的图像更能符合用户的具体需求和创意意图。

ControlNet 生成的精美线稿和彩色图片证明了 ControlNet 不仅能提高图像生成的准确性，还能在艺术创作和设计中发挥重要作用，帮助艺术家和设计师将创意快速转化为视觉作品。此外，ControlNet 也成了 Stable Diffusion 的一个必不可少的插件。

ControlNet 提供了一个强大的框架。通过细致的参数调控，用户可以实现对 AI 生成图像的精确操控，这不仅增强了图像的美观和实用性，也大幅提升了用户的创作自由度和满意度。

2．ControlNet预处理技术

在当前的 AI 图像生成领域，ControlNet 技术提供了一种革新的方法来控制和引导图像的生成过程。以下是 17 种常见的 ControlNet 预处理技术，每种技术都针对特定的使用场景和目的进行了优化，以满足用户广泛的创作需求。

在开始介绍 ControlNet 预处理技术之前，可以用一张素材图来为演示各种控制类型做准备。素材图如图 8-40 所示。

图 8-40

各技术的应用效果如下。

（1）Canny：这种技术能将输入的图片通过预处理转换成线稿，通过调整权重和引导时机，可以控制线稿在最终图像中的比例。它特别适用于需要提取清晰线条的人物、汽车或动物等图像。效果如图 8-41 所示。

图 8-41

（2）Depth：这种技术主要用于突出图像的前景和背景，以及它们之间的空间关系。通过使用不同的预处理器，用户可以调整前景和背景的相对重点，适用于需要强调空间深度的场景效果。效果如图 8-42 所示。

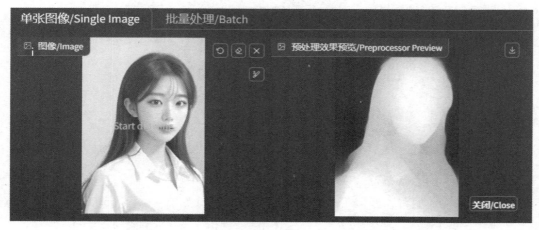

图 8-42

（3）Normalmap：这种技术通常应用于 3D 模型，可以提供 3D 表面的细节和深度信息，主要用于 3D 雕塑和模拟真实世界物体的表面纹理。效果如图 8-43 所示。

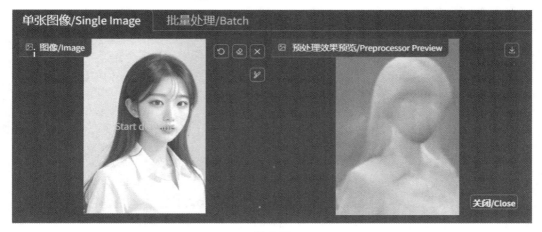

图 8-43

（4）OpenPose：这种技术根据提供的图片提取姿态信息，帮助生成具有特定姿态风格的图像，是理解和复现人体动作的有力工具。效果如图 8-44 所示。

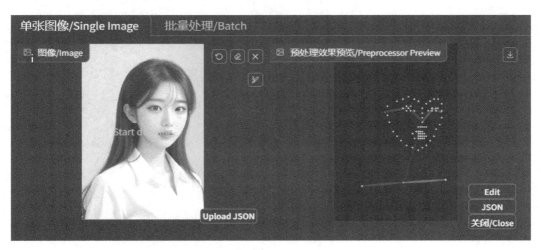

图 8-44

（5）MLSD：这种技术主要用于识别直线，适用于室内设计等领域，通过提取线稿来简化设计和视觉表达的过程。MLSD 预处理器对于非直线构图的图片处理的效果识别度很低，用户使用用 MLSD 技术制作的一个建筑效果图如图 8-45 所示。

（6）Lineart：这种技术提供了多种针对不同风格（如写实或动漫）的预处理器，比 Canny 更精细，用于生成高质量的线条艺术作品。效果如图 8-46 所示。

（7）Softedge：与 Canny 和 Lineart 不同，这种技术采用柔和的边缘检测方法，更贴近真实世界的视觉感受，适合自然场景的处理。效果如图 8-47 所示。

图 8-45

图 8-46

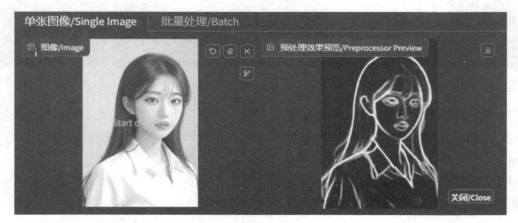

图 8-47

（8）Scribble：这种技术能让用户将简单的手绘图像转换成精美的艺术作品，是创意表达的快速途径。效果如图 8-48 所示。

图 8-48

（9）Segmentation：这种技术可将图片中的对象分割开来，这不仅有助于保持物体的原始性，还可以在预处理后的图片上添加色块，精准地控制图像的色彩和形态。效果如图 8-49 所示。

图 8-49

（10）Shuffle：这是一种风格融合技术，通过上传特定风格的图片（如水墨、油画等），并通过 ControlNet 与原始模型的融合，生成具有混合风格的图像。效果如图 8-50 所示。

（11）Tile：这种技术通过分块重采样，能够高度还原和修复原始图像的风格，特别适用于高清图像的处理。

图 8-50

（12）Inpaint：这种技术可用于局部重绘，用户可以指定图像的特定部分进行详细修饰或更改，如更换服装或修复图像损坏部分。

（13）InstructP2P：这是一种基于 pix2pix 的风格迁移技术，适用于复杂的场景转换，如天气变化模拟。

（14）Reference Only：这种技术允许用户上传图片并添加指导性提示词，生成与原图风格相同但姿势或方向不同的新图像。

（15）Recolor：这种技术专门用于给老旧照片或黑白图片上色，以恢复或改变原有的色彩。效果如图 8-51 所示。

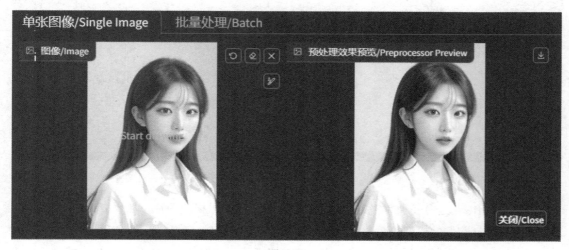

图 8-51

（16）Revision：这种技术适用于复杂元素丰富的图片，无法通过常规方法进行风格迁移时，结合原图进行细节修正和风格转换。

（17）IP_adapter：这是一种高级的风格迁移工具，不仅能够迁移风格，还能保留原图的细节和形象，适用于需要精确控制的图像创作过程。

这些技术通过不同的方法和算法提高了图像生成的精确度和多样性，使得创作者能够以更高的自由度进行视觉表达。

在 ControlNet 中，部分控制类型不能对图像做预处理，或者在使用的时候需要与多个预处理器配合。诸多细节会在实操案例里面展开讲解。

第 9 章　Stable Diffusion 在商业领域的应用

9.1　线稿上色：提高效率的高阶技艺

本节案例用到的技术是 ControlNet 里面的两个控制类型：Shuffle 和 Lineart。

9.1.1　Shuffle

Shuffle 预处理器是一个用于图像生成的高级工具，专注于整体风格控制。这个预处理器的主要功能是将参考图像中的颜色和元素进行打散和混合，然后在这个基础上重新组合，生成全新的图像。这一过程类似于洗牌，因此命名为 Shuffle。

9.1.2　Lineart

Lineart 预处理器是一个专门用于生成各种写实物体的线稿或素描的工具。该模型可以接收各种写实物体的线稿或素描，包括使用原始图像以及经过颜色反转的预处理器处理后的线稿。参与作图时可精确控制线条和细节的生成。

线稿上色案例教程如下。

本案例线稿使用二次元大模型 Night Sky YOZORA Style Model 完成。大模型下载地址：https://civitai. com/models/12262/night-sky-yozora-style-model。其界面如图 9-1 所示。

本案例使用线稿 Lora：Anime Lineart Style。下载地址：https://civitai.com/models/16014/anime-lineart-manga-like-style?modelVersionId=28907。线稿如图 9-2 所示。

图 9-1

图 9-2

　　生图操作步骤如下。首先用下载的二次元底膜 nightSkyYOZORAStyle 打开脸部修复插件生成一张线稿，设计正向提示词如下。

anime,best quality,ultra high resolution,1girl,full body,scenery, smile,ocean,sunset,city,sand, white dress, lineart,monochrome,lora: animeoutlineV4_16:0.4,

　　调整到图像几乎是线稿形态，取出图片的种子：2135032423，图片效果展示如图 9-3 所示。

图 9-3

　　接下来使用提示词控制上色。打开 ControlNet，选择 Lineart 控制类型，调整参数，即可完成上色，操作界面如图 9-4 所示。

图 9-4

若不写提示词，保持默认参数，则详细信息如图 9-5 所示。

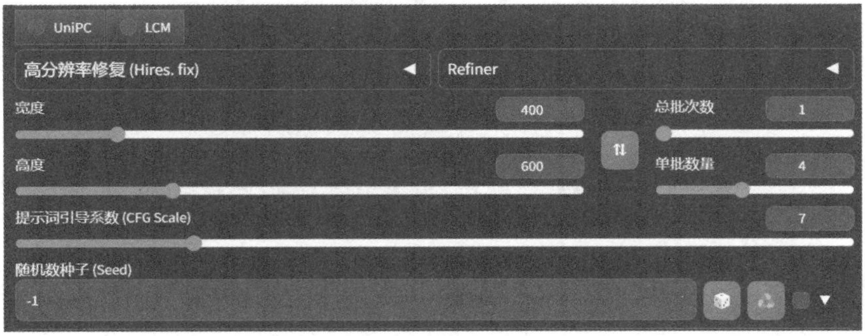

图 9-5

检查一下设置参数，如果没有问题，单击"生成"按钮，得到的四张图片如图 9-6 所示。

图 9-6

至此可以看到图像的上色效果，下面通过控制提示词改变图像的颜色，例如，控制图片的色调为红色，设计正向提示词如下。

```
the evening sky,sunset,clouble,1girl,
a white skirt,kaza,sea surface,
the yellow beach,beautiful scenery,
```

　　设置参数与没有提示词生成图片过程中的参数保持一致，单击"图像生成"按钮，即可得到整体风格偏红色调的图片，具体效果如图 9-7 所示。

图 9-7

再如，更改提示词为蓝色调，设计提示词如下。

sunny weather,the blue sky,soft beach,

beautiful girl,1girl,a white skirt,kaza,

sea surface,beautiful scenery,

得到的图片和提示词一致，也变为蓝色调了，具体细节如图 9-8 所示。

图 9-8

　　然后使用提取图片颜色的控制类型——Shuffle 预处理模型。它可以打乱画面颜色，可用于复制图片的风格。参数详情如图 9-9 所示。

图 9-9

寻找或生成蓝色图片的素材，如图 9-10 所示。

图 9-10

寻找或生成紫色图片的素材，如图 9-11 所示。

图 9-11

　　下面用蓝色和紫色两张风格图片来给线稿图片控制上色，在上述设置的基础上再打开一个 ControlNet 控制类型。选择 Shuffle，调整参数的细节如图 9-12 所示。

图 9-12

　　设定 Shuffle 控制类型之后，线稿的着色就会按照风格图片的色调来进行上色。但此时对图像也是有影响的，例如，设计提示词如下。

```
blue long upper shan,the blue environment,
1girl,blue hair,blue clothes,(the blue sky:1.8),
```

生成的图像会尽量带有提示词中的特征，具体细节如图 9-13 所示。

图 9-13

　　如果没有填写提示词，图像会完全按照参数和模型信息生成图片，出图的方向会更随机，但是整体图像效果也可能变好。最终效果如图 9-14 所示。

　　同理，上传紫色图片，参数设置不变，具体细节如图 9-15 所示。

　　因为与紫色的素材混合之后，黑白色的素材占比较大，因此可以将 ControlNet 的权重调低，例如，设置 Shuffle 预处理器的控制权重为 0.1，最终图片效果如图 9-16 所示。

图 9-14

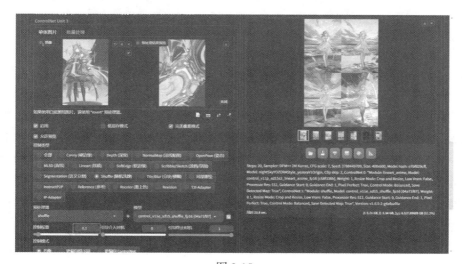

图 9-15

图 9-16

　　上述操作可以为线稿上色，也可以为能够明显提取线稿的图片重新上色。例如，上传一张人像照片，提取线稿之后按照线稿再次生成图片，虽然图片主体轮廓未发生变化，但是色调变得不一致了，具体细节如图 9-17 所示。

　　通过使用 Shuffle 和 Lineart 这两个 ControlNet 控制类型，用户能够有效地控制图像的生成风格和细节。从线稿生成到上色，再到风格复制，每一步都展示了这些工具的强大功能和灵活性。通过不断尝试和优化这些技术，用户可以更好地掌握 Stable Diffusion 的图像生成能力，为创作提供更多的可能性和灵感。

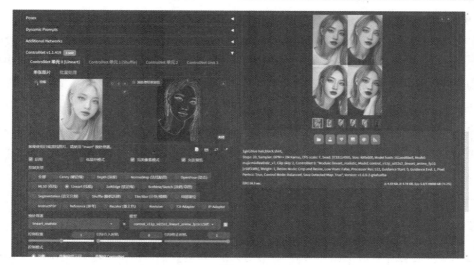

图 9-17

9.2　图像优化：重塑细节，提升视觉效果

本节旨在讨论在图生图过程中的提示词、重绘幅度、提示词引导系数（表示提示词相关性）三者之间的关系。

9.2.1　重绘幅度

在 Stable Diffusion 等 AI 图像生成模型中，重绘幅度是一个关键的参数，其用于控制生成图像与参考图像之间的差异程度。重绘幅度参数的调整可以大幅影响生成图像的独特性和创造性。

通过调整重绘幅度的数值，可以精确控制模型在重绘过程中的自由度。数值越高，模型在重新创作图像时拥有的自由空间越大，这意味着生成的图像将与原始参考图像有更大的差异。重绘幅度这一参数的设置不仅允许图像表现出更加个性化和独特的绘画风格，也使得生成的作品可以更好地反映出用户的创意意图和风格倾向。

9.2.2　提示词相关性

在 Stable Diffusion 这类 AI 图像生成模型中，提示词相关性是一个决定性的参数，它体现了输入提示词对生成图像的影响力。通过调整这一参数，用户可以控制生成图像与输入提示词的匹配程度，从而影响最终图像的相关性和创造性。

当提示词相关性设置得较高时，模型将更加严格地遵循输入的提示词，生成的图像将紧密符合用户提供的描述。这种高度的符合性非常适用于那些需要精确表达特定概念或细节的场合，如产品设计、广告制作或特定艺术创作。

相反，如果将提示词相关性设置得较低，模型在生成图像时的自由度会增加，生成的图像将包含更多随机和创造性的元素。这种设置可以生成意想不到的视觉效果，适合探索新的艺术风格，从而激发新的创意灵感。

本节中通过调节面部瑕疵等具体实用案例来研究参数之间的联系。

首先生成一张带有瑕疵的图片，使用 majicmixRealistic_v7 模型，生成一张 400 像素 × 600 像素的图片，设计提示词如下。

```
1girl,lora:add_detail:1,eighteen years old,
(close up:0.3),facial details,masterpiece,
best quality,pink hair,blue shirt,
(a little freckles on the face:0.6),
```

生成结果为一张年轻女子照片，她的脸部有红斑，后续我们可以进行修复，图像细节如图 9-18 所示。

图 9-18

接下来通过调整重绘幅度和提示词及其相关系数来磨皮。

若不写提示词，直接生成图片，并一次生成多张，便可以看出模型的默认方向。

调整不同的提示词引导系数和重绘幅度，生成一张各种参数下出图效果的对比图，由于没有设置提示词，所以只有重绘幅度起作用，也就是每一横排的图片都是一样的。具体效果如图 9-19 所示。

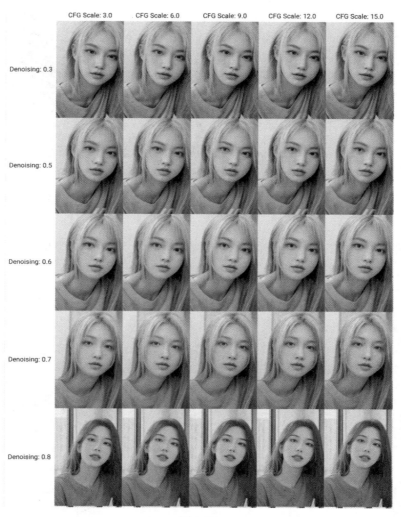

图 9-19

如果只是看脸部的磨皮效果，那么在重绘幅度数值为 0.5 的时候，出图效果最佳，但此时图像的眼睛和发色等细节都发生了较大的变化，出图结果（左）和原图（右）的对比如图 9-20 所示。

图 9-20

为了方便查看重绘幅度的效果，这次填写错误的提示词，设计提示词如下。

black hair,white shirt,1boy,

从生成的结果可以看出，使用错误的提示词在重绘幅度为 0.3 时即发生变化，所以提示词很重要，具体对比效果如图 9-21 所示。

图 9-21

最后探讨一下写提示词的方法。我们的目的是消除女孩脸上的红斑，于是试着朝想要的效果方向写，设计提示词如下。

white skin,1girl,solo,realistic,lips,nose,looking at viewer,best quality,

出图效果不错，但是头发变颜色了，其余细节也都发生了不同的变化，具体细节如图 9-22 所示。

图 9-22

如果怎么设计提示词都会发生变化，那就直接复制原图的提示词。

1girl,lora:add_detail:1,eighteen years old,

(close up:0.3),facial details,masterpiece,

best quality,pink hair,blue shirt,

(a little freckles on the face:0.6),

我们发现生成结果的修复效果并不好，图片之间相似又有区别，看久了很容易脸盲，具体效果如图 9-23 所示。

那么究竟如何设计提示词呢？最好的办法是，写出原来的提示词，并添加自己想要改动的部分。例如，可以这样设计提示词。

1girl,facial details,masterpiece,pink hair,blue shirt,white skin,smooth face,

这样生成的图片既保留了原图的特征，又会使图片的某些细节向着想要的方向变化。具体细节如图 9-24 所示。

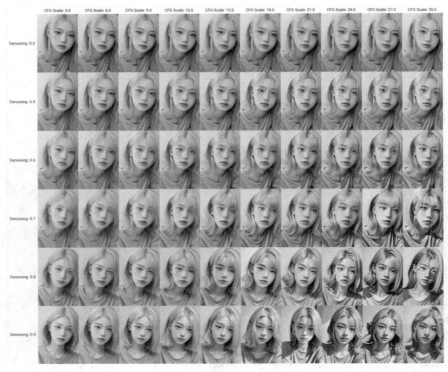

图 9-23

图 9-24

可以把图片放大，和原图放在一起，对比效果如图 9-25 所示。

原图 9-25

生成图片效果很好。

经过上述大量的图片生成，应能够掌握重绘幅度、提示词及其相关系数之间搭配的方法，这样在后续生成图片的过程中就可以节省大量时间了，比如接下来的情景。

这次想要磨皮，但是没有原版提示词，同时不要求高精度，但想要效率。那么可以使用提示词描述画面和改动方向，把提示词相关性调大，以便达到磨皮的效果。重绘幅度要调小一点，控制画面整体不要发生变化。

设计提示词及参数如下。

```
1girl,pink hair,blue shirt,white skin,
CFG ≈9
Denoising ≈0.3
```

最终效果如图 9-26 所示。

若是想要图片发生明显变化，可以将以下两个参数都调大。

```
CFG ≈10
Denoising ≈0.5
```

最终效果如图 9-27 所示。

图 9-26

图 9-27

若只想做一些创意改动，不希望图像发生太大的变化，那么可以将提示词与重绘幅度两个参数都调小。

```
CFG ≈6
Denoising ≈0.4
```

最终效果如图 9-28 所示。

图 9-28

本节探讨了在图像生成过程中优化图像细节与提升视觉效果的技术。通过精心设计的提示词、调整提示词引导系数以及适当的重绘幅度，可以显著提升生成图像的质量和相关性。提示词不仅需要精确描述所需的视觉内容，还应当包括原图保持不变的细节层次和风格特征，从而引导生成模型更加准确地理解和执行创作意图。提示词引导系数决定了提示词在图像生成中的权重。重绘幅度允许用户自由调整画面的改动程度。综上所述，通过这三个方面的精确控制和相互作用，能够推动图像生成技术向更高的艺术和技术标准迈进。通过继续研究和试验这些参数的最优配置，可以期待在数字图像创作领域看到更多创新和突破。

9.3　品质无损，画面倍放：图像放大技巧保留细节精髓

本节旨在讨论使用 ControlNet 中 Tile 控制类型时，生成图像与原图的差异程度。

ControlNet 中的 Tile 控制类型，是一个非常实用的工具，主要用于图像的细节增强和风格转换。这个模型的核心优势在于能够在保持图片整体布局和构图的前提下，对图像进行细致的修复和清晰度的提升，特别适用于图像的高清处理。

Tile 控制类型可以将图像分成多个小块（类似于瓷砖），在这个过程中，每个小块都可以单独进行细节的增加和清晰度的提升。通过对每个小块的详细处理，整体图像的质量得到显著提

高，从而实现高清修复。

　　Tile 控制类型还具有强大的风格转换功能。通过应用不同的艺术风格到各个分块，可以将一幅普通的照片转换成具有特定艺术风格的作品，如油画风格、水彩画风格或其他视觉艺术风格。这种转换不仅限于单一风格，用户也可以通过混合多种风格来创造独特的视觉效果。

　　如果生成需要放大的素材，推荐使用 majicmixRealistic_v7 模型，生成一张 400 像素 × 600 像素的图片，设计提示词如下。

　　1girl,

　　生成结果如图 9-29 所示。

图 9-29

　　将图片尺寸缩小变为模糊图，推荐使用 PS、WPS 等第三方工具，也可以使用截屏缩小后的原图。但是不建议使用 SD 图生图重绘，因为像素过小 SD 出图会变形。我们把图片缩小到 100 像素 × 150 像素，缩放后的结果如图 9-30 所示。

图 9-30

　　现在将图片变得清晰一些，打开图生图页面之后上传模糊图，调整尺寸为 800 像素 × 1200 像素，设置重绘幅度参数为 0.3 左右，如果想要改动大就适当增加重绘幅度。这里因为原图模糊，所以选择参数为 0.5，以保证图像能够得到修复。具体参数设置如图 9-31 所示。

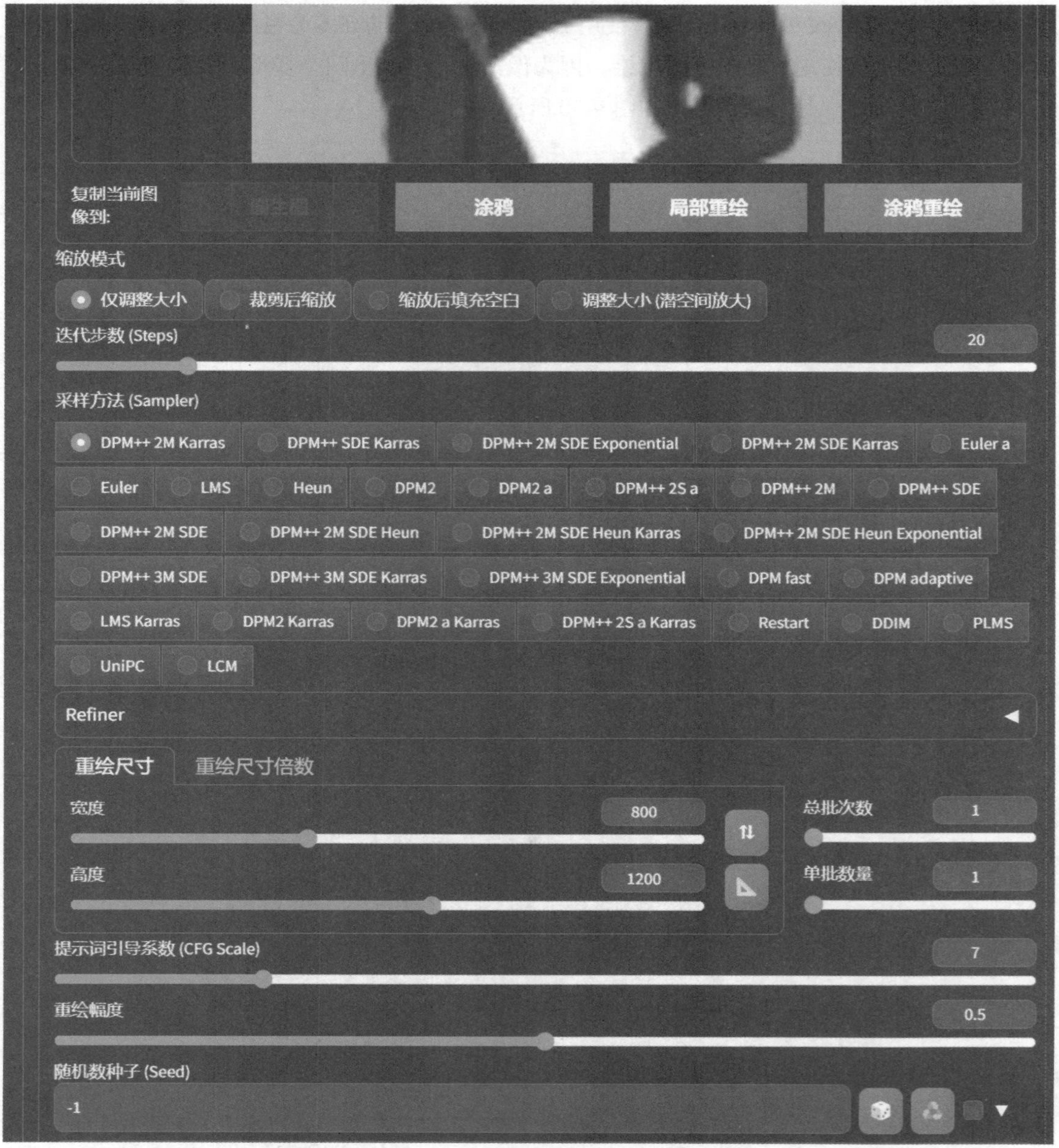

复制当前图像到：　编辑主题　　涂鸦　　局部重绘　　涂鸦重绘

缩放模式

仅调整大小　裁剪后缩放　缩放后填充空白　调整大小 (潜空间放大)

迭代步数 (Steps)　　　　　　　　　　　　　　　　　　　20

采样方法 (Sampler)

DPM++ 2M Karras　DPM++ SDE Karras　DPM++ 2M SDE Exponential　DPM++ 2M SDE Karras　Euler a

Euler　LMS　Heun　DPM2　DPM2 a　DPM++ 2S a　DPM++ 2M　DPM++ SDE

DPM++ 2M SDE　DPM++ 2M SDE Heun　DPM++ 2M SDE Heun Karras　DPM++ 2M SDE Heun Exponential

DPM++ 3M SDE　DPM++ 3M SDE Karras　DPM++ 3M SDE Exponential　DPM fast　DPM adaptive

LMS Karras　DPM2 Karras　DPM2 a Karras　DPM++ 2S a Karras　Restart　DDIM　PLMS

UniPC　LCM

Refiner　　　　　　　　　　　　　　　　　　　　　　　◀

重绘尺寸　重绘尺寸倍数

宽度　　　　　　　　　　　　　800　　　⇅　　总批次数　　　1

高度　　　　　　　　　　　　　1200　　　◣　　单批数量　　　1

提示词引导系数 (CFG Scale)　　　　　　　　　　　　　7

重绘幅度　　　　　　　　　　　　　　　　　　　　　0.5

随机数种子 (Seed)

-1　　　　　　　　　　　　　　　　　🎲　🔁　▼

图 9-31

此时会发现可以直接生成图片。但是直接生成图片的修复效果可能会稍差，并且尺寸过高容易让显存过载。这里介绍如何利用 Tile 模型获得高清图片。

启用 ControlNet 之后，勾选完美像素模式，选择 Tile 控制类型，具体操作如图 9-32 所示。

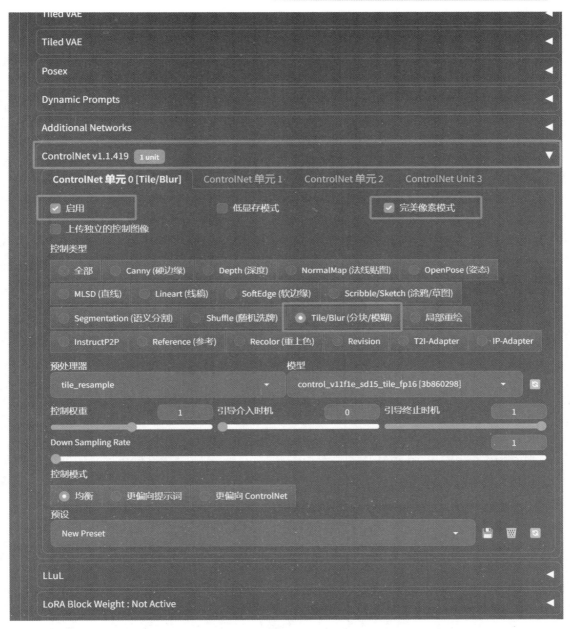

图 9-32

调整参数之后，单击"生成"按钮，对比修复之后的图片（左）和原图（右），如图 9-33
所示。

图 9-33

生成结果还不错。由于没有输入关键的提示词信息，所以生成的方向是由大模型画风决定的。再试一下反推调整提示词，调大提示词相关性，调小重绘幅度。设计提示词如下。

photo(medium),focused,1girl,black eyes,3d,longhair,lips,lookingatviewer,
photo_inset,HD,detailed,

设计参数如图 9-34 所示。

图 9-34

　　使用提示词得到的图片色泽比较红润，提示词中描述的细节都会在不同程度上体现在图片中，生成的最终效果如图 9-35 所示。

图 9-35

　　下面给图像换个风格。先把高清图像放进图生图页面，操作步骤如图 9-36 所示。再拿一张合适颜色的素材，本案例使用 Stable Diffusion 生成了一张红色天空的图片，如图 9-37 所示。

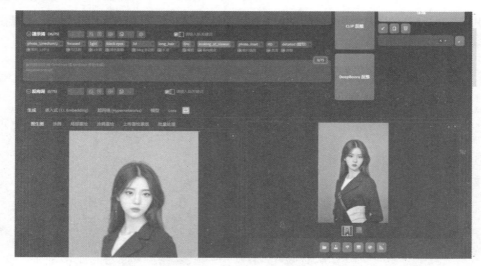

图 9-36

图 9-37

将红色天空的风格图片上传到 ControlNet 控制的对应位置，更换固定颜色的预处理器，然后设置权重为 0.1，参数设置如图 9-38 所示。

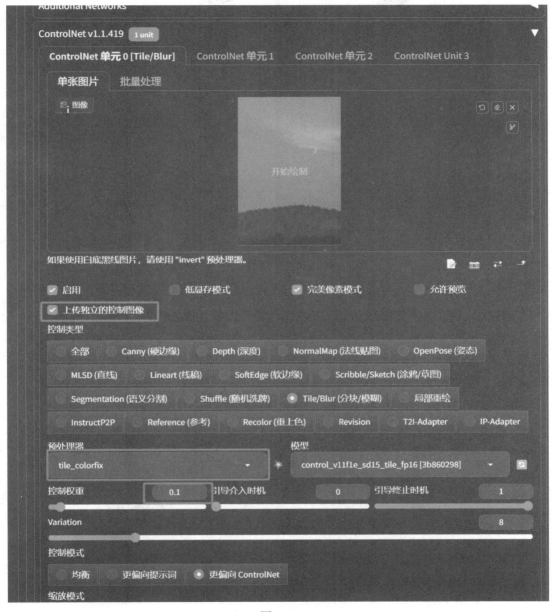

图 9-38

生成之后可以看出人物图片染上了对应天空的颜色，图片对比效果如图 9-39 所示。

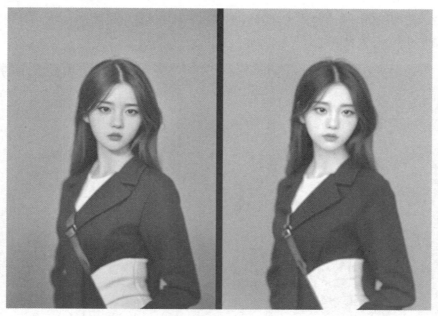

图 9-39

不同的权重可呈现不同的效果。例如，设置控制权重为 0.2，生成图片和原图对比如图 9-40 所示。

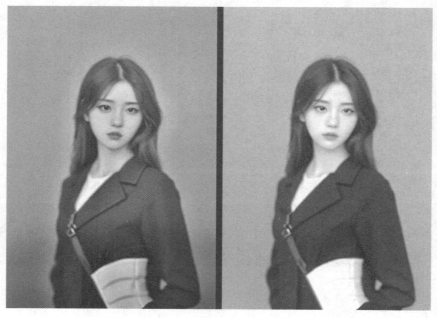

图 9-40

再如，控制权重为 0.3，生成图片和原图的对比如图 9-41 所示。

图 9-41

本节详细探讨了使用 ControlNet 中的 Tile 控制类型进行图像处理的高级技巧，从而实现图像的放大和风格转换，同时保持细节的精确性和图像的清晰度。本节展示了如何通过将图像分块处理来提升图像细节和清晰度，以及如何应用不同的艺术风格，将普通图片转换成具有特定视觉效果的艺术作品。

通过本节的学习，可以更深入地理解如何利用现代图像生成技术来提升图像质量，并在实际应用中实现其创意和需求，从而推动个人或专业项目向更高水平的发展。

9.4　无限可能：探索 AI 生产力新大门 ComfyUI

本节将探讨一个创新的 Stable Diffusion 工具——ComfyUI。作为一个基于节点流程的操作界面，ComfyUI 为用户提供了更加精细化和流程化的图像生成控制，使其在稳定扩散模型的应用中脱颖而出。与传统的 Stable Diffusion WebUI 相比，ComfyUI 不仅保留了原有的易用性，更在功能性和可控性上实现了突破。

ComfyUI 的主界面工作流由模块和节点连接组成默认文生成图的工作流，如图 9-42 所示。

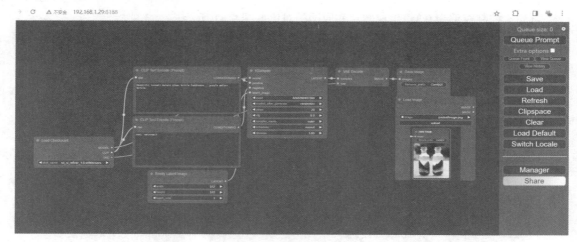

图 9-42

ComfyUI 的使用与 Lora 和 WebUI 相似，涉及加载大模型、书写提示词、设置参数等操作，WebUI 的主界面展示如图 9-43 所示。

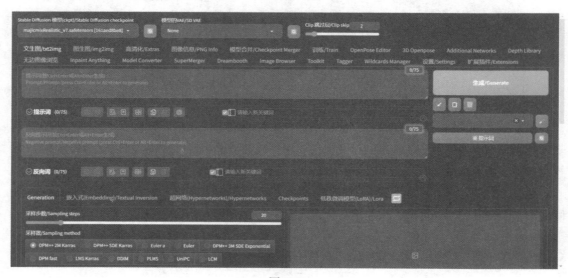

图 9-43

WebUI 存在如下一些局限性。

（1）效率和可控性较差。

（2）设置有限的参数后，单击"生成/Generate"按钮只能得到一个结果，如图 9-44 所示。

（3）不能分开处理多个元素。WebUI 的插件和功能相对固定，当需要进行更复杂的操作或者面对精细要求时，会显得力不从心。

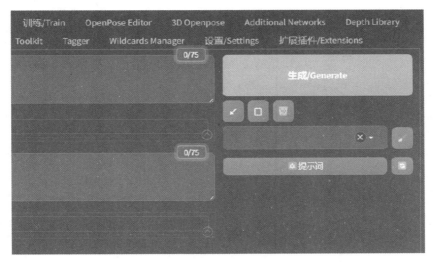

图 9-44

例如，假设用户想要生成一张有两个人的照片，其中一个人是绿头发粉衬衫的女孩，另一个人是粉头发绿衬衫的男孩，在使用 SD 生图过程中就容易出现串色问题，如图 9-45 所示。

图 9-45

生成结果如图 9-46 所示。

（4）不能流程化操作。

由于 WebUI 展示的界面有限，因此需要将功能做好分类才能使页面显示有条理。这一特性使 WebUI 在生成需要不同参数的图片或者需要搭配多个功能才能得到的图片时，必须分开一步一步操作，无法形成固定、简便的流程，如图 9-47 所示。

图 9-46

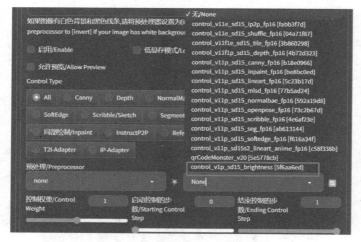

图 9-47

　　WebUI 虽然简易便捷，但牺牲了精细控制和流程化操作的能力。在这种情况下，ComfyUI 应运而生。它是一个基于节点流程的 Stable Diffusion 操作界面，如图 9-48 所示。

　　ComfyUI 的优点如下。

　　（1）精准控制。

　　ComfyUI 的工作过程透明化，每个环节都能实现精准控制，即使在需要复杂参数的工作流中也能注意到排序，如图 9-49 所示。

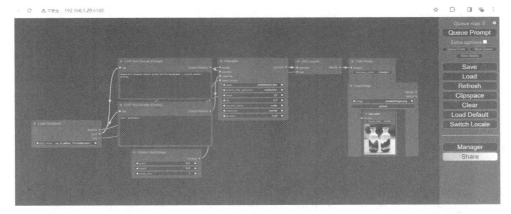

图 9-48

图 9-49

（2）工作流定制。

ComfyUI 可以根据自身业务需求，选择所需的不同参数模型等，整合为个性化定制的工作流，如图 9-50 所示。

（3）简单易复制。

由于工作流的特性，ComfyUI 可以方便地保存工作流信息，并在另一个 ComfyUI 中重现。这一操作极大地促进了工作流的分享和使用。用户可以使用工作流完美地复制他人的经验和成果，不用担心遗漏参数设置，图 9-51 展示了大量的工作流分享的集合。

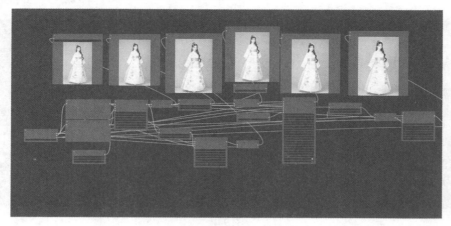

图 9-50

图 9-51

（4）ComfyUI 天然支持 SDXL，并可以很快适应新技术。另外，ComfyUI 还具有插件众多、操作专业等优点。

接下来使用 ComfyUI 生成一张图片。

选择 SDXL 基础模型，用简单的提示词测试 SDXL 模型生成的基调。

`1girl,`

使用通用的负向提示词。

`ugly,tiling,poorly drawn hands,poorly drawn feet,poorly drawn face, out of frame,extra limbs, disfigured,deformed,body out of frame, bad anatomy,` watermark,signature,cut off,low contrast, underexposed, overexposed, bad art,beginner,amateur,distorted face,

生成工作流使用 SDXL 搭配 refiner 模型的基础工作流，如图 9-52 所示。

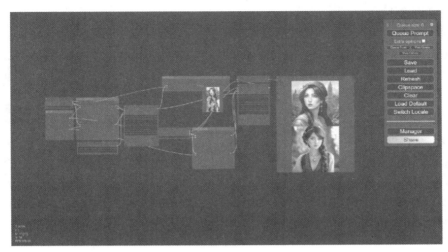

图 9-52

生成结果如图 9-53 和图 9-54 所示。

图 9-53

图 9-54

ComfyUI 以其独特的节点流程设计和高度可定制的工作流，为 Stable Diffusion 模型的应用带来了革命性的改进。它不仅解决了 WebUI 在精细控制和流程化操作方面的局限性，还提供了更丰富的功能和插件支持，使复杂的图像生成任务变得简单高效。

目前，用户界面（UI）的重要性不断提升，尤其在提升用户体验方面更起着决定性作用。一个直观、舒适且功能全面的 UI 是任何软件应用成功的关键。ComfyUI 是一款专注于提供高度可定制和用户友好界面的工具。随着开源技术的发展，个人和企业都期待能通过这些资源来优化和改进他们的软件解决方案。

本书节选的是一个关于如何本地部署 ComfyUI 的实战指南，下载地址：https://github.com/comfyanonymous/ComfyUI。

在页面右上角单击"Code"按钮下载安装包，如图 9-55 所示。

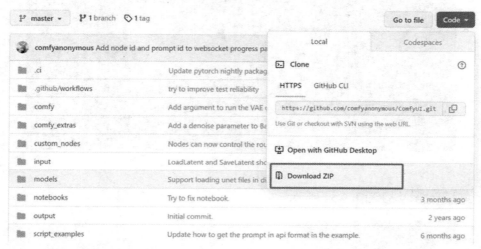

图 9-55

压缩包及解压之后的文件如图 9-56 所示。

名称	修改日期	类型	大小
📁 ComfyUI_windows_portable_nvidia_cu118_...	2024/1/2 19:04	文件夹	
📄 ComfyUI_windows_portable_nvidia_cu118_...	2023/12/26 21:20	WinRAR	1,499,591 KB

图 9-56

打开解压后的文件夹，根目录如图 9-57 所示。

名称	修改日期	类型	大小
ComfyUI	2023/9/24 10:21	文件夹	
python_embeded	2023/9/24 10:23	文件夹	
update	2023/9/24 10:23	文件夹	
README_VERY_IMPORTANT.txt	2023/9/24 10:23	文本文档	1 KB
run_cpu.bat	2023/9/24 10:23	Windows 批处理文件	1 KB
run_nvidia_gpu.bat	2023/9/24 10:23	Windows 批处理文件	1 KB

图 9-57

进入 ComfyUI 文件夹找到 extra_model_paths.yaml.example 文件，用文本编辑器或记事本打开，如图 9-58 所示。删掉.example，更改文件名为 extramodelpaths.yaml。

名称	修改日期	类型	大小
script_examples	2023/9/24 10:21	文件夹	
tests	2023/9/24 10:21	文件夹	
web	2023/9/24 10:21	文件夹	
.gitignore	2023/9/24 10:21	Git Ignore 源文件	1 KB
CODEOWNERS	2023/9/24 10:21	文件	1 KB
comfyui_screenshot.png	2023/9/24 10:21	PNG 图片文件	116 KB
cuda_malloc.py	2023/9/24 10:21	Python 源文件	4 KB
execution.py	2023/9/24 10:21	Python 源文件	29 KB
extra_model_paths.yaml.example	2023/9/24 10:21	EXAMPLE 文件	1 KB
folder_paths.py	2023/9/24 10:21	Python 源文件	9 KB
latent_preview.py	2023/9/24 10:21	Python 源文件	3 KB
LICENSE	2023/9/24 10:21	文件	35 KB
main.py	2023/9/24 10:21	Python 源文件	7 KB
nodes.py	2023/9/24 10:21	Python 源文件	69 KB
pytest.ini	2023/9/24 10:21	配置设置	1 KB
README.md	2023/9/24 10:21	Markdown File	14 KB
requirements.txt	2023/9/24 10:21	文本文档	1 KB
server.py	2023/9/24 10:21	Python 源文件	26 KB

图 9-58

更改 ComfyUI 模型的路径，如图 9-59 所示。

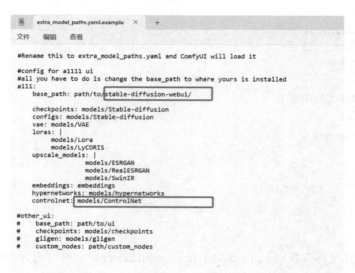

图 9-59

将上述文档中的路径改为个人计算机对应文件夹路径，复制文件夹路径粘贴在对应位置即可，具体细节如图 9-60 所示。

图 9-60

　　部分用户的 ControlNet 模型并不在 model 文件夹里面，而是在 extensions 文件夹里面，如图 9-61
所示。

图 9-61

ControlNet 模型经常放置在这两个文件夹中，可根据实际情况自行更改。

更改保存后回到根目录找到 run_nvidia_gpu.bat 文件，双击运行，如图 9-62 所示。

名称	修改日期	类型	大小
ComfyUI	2023/9/24 10:21	文件夹	
python_embeded	2023/9/24 10:23	文件夹	
update	2023/9/24 10:23	文件夹	
README_VERY_IMPORTANT.txt	2023/9/24 10:23	文本文档	1 KB
run_cpu.bat	2023/9/24 10:23	Windows 批处理文件	1 KB
run_nvidia_gpu.bat	2023/9/24 10:23	Windows 批处理文件	1 KB

图 9-62

　　弹出的导航窗软件开始加载，出现网址说明加载完成。这个时候计算机会自动打开默认浏览器，如果没有复制地址，则需要自行在浏览器中打开或者按住 Ctrl 键单击网址。软件运行界面如图 9-63 所示。

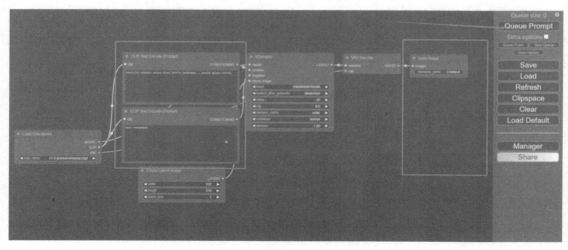

图 9-63

　　打开之后的页面就是 ComfyUI 的主页面。此时能看到左边文本框有提示词，直接单击最右侧"生成"按钮，会在右侧方框的位置得到生成的图片，如图 9-64 所示。

图 9-64

正向提示词的大概意思是一个紫色的有风景的瓶子，负向提示词是水印和文本。生成结果如图 9-65 所示。

图 9-65

至此，ComfyUI 安装完成。

成功部署 ComfyUI 之后，将获得一个强大且灵活的界面设计工具。在技术飞速发展的今天，掌握本地部署和维护先进 UI 框架的能力，对于热衷于 AI 绘图的创作者来说至关重要。ComfyUI 以其直观的操作方式，不仅显著提升了应用的交互体验，还增强了功能性的深度，同时也确保了视觉效果的吸引力。

希望本节内容能够激发读者探索更多 UI 设计和开发工具的兴趣，以此丰富和提升个人的技术储备。随着对 ComfyUI 的深入了解和使用，创作者将更加熟练地运用其丰富的功能，创作出既美观又满足需求的 AI 绘图作品。

9.5　ComfyUI 节点的作用说明和搭建演示

本节将从零开始搭建 ComfyUI 的各个模块，详细讨论从加载模型到保存图像等各个环节，旨在为用户提供全面的指南和操作见解。

（1）先清除工作流，单击右侧 Clear 按钮，在上方弹出清除工作流确认窗口中单击"确定"按钮，具体操作如图 9-66 所示。

（2）加载默认工作流，单击右侧 Load Default 按钮载入默认工作流，然后单击"确定"按钮，如图 9-67 所示。

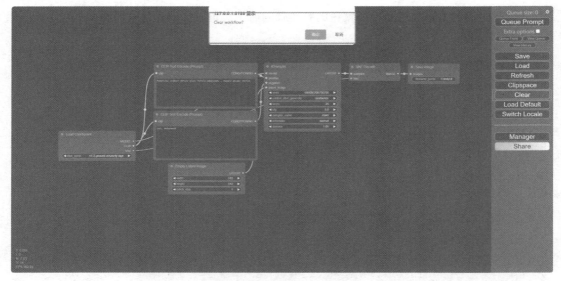

图 9-66

图 9-67

ComfyUI 默认的工作流是文生图的工作流。默认语言为英文。下面逐步搭建这一工作流，如图 9-68 所示。

添加采样器模块：清除工作流，右键单击空白处添加一个采样器模块，如图 9-69 所示。

添加大模型：依据左边输入右边输出，单击采样器的第一个节点 model 并拖出，在弹出的 model 窗口选择 CheckpointLoaderSimple 命令，如图 9-70 所示。

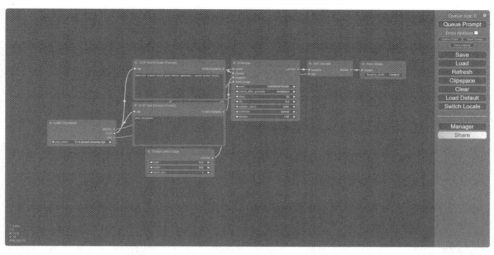

图 9-68

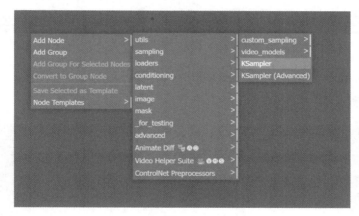

图 9-69

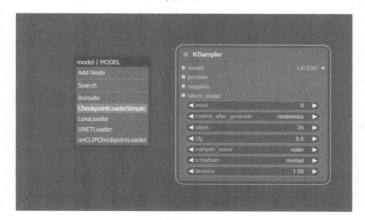

图 9-70

正向提示词模块的创建过程如图 9-71 所示。

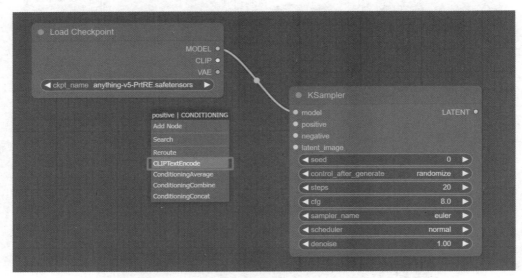

图 9-71

单击采样器的第二个节点 positive 并拖出，在弹出的窗口选择 CLIPTextEncode 作为正向提示词，如图 9-72 所示。

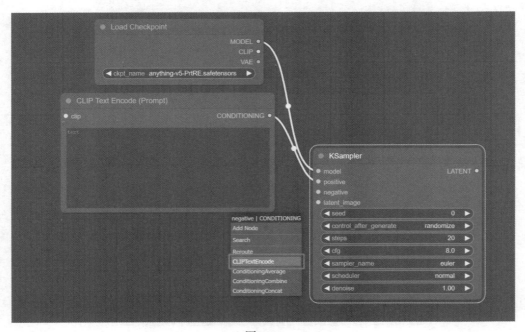

图 9-72

　　反向提示词模块的创建与正向提示词模块类似，单击采样器的第三个节点 negative 并拖出，在弹出的窗口中选择 CLIPTextEncode 作为反向提示词。

　　添加初始潜空间图像模块：单击采样器的第四个节点并拖出，选择 EmptyLatentImage 即可，操作过程如图 9-73 所示。

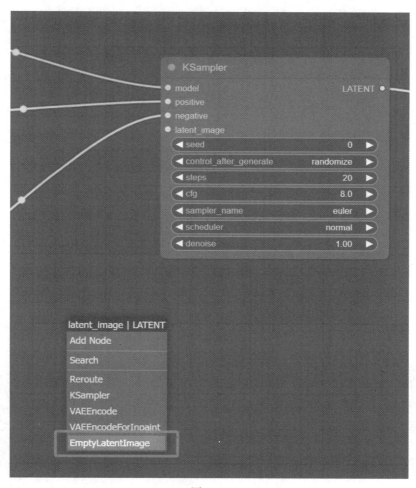

图 9-73

　　添加解码器模块：输出图像之前需要解码图像。拖出右边节点，选择 VAEDecode，相关细节如图 9-74 所示。

　　添加保存图像模块：右侧添加保存图像的节点 SaveImage，如图 9-75 所示。

　　没有连接的节点：以上是所有节点的连接，可以看到还有 5 个节点没有连接。将大模型的节点连接到空置节点，具体操作如图 9-76 所示。

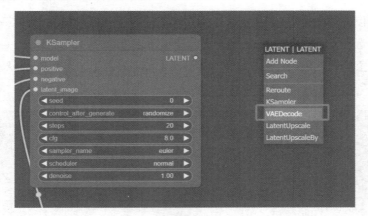

图 9-74

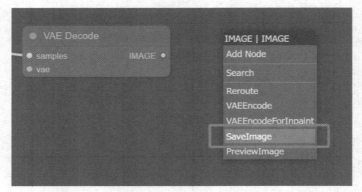

图 9-75

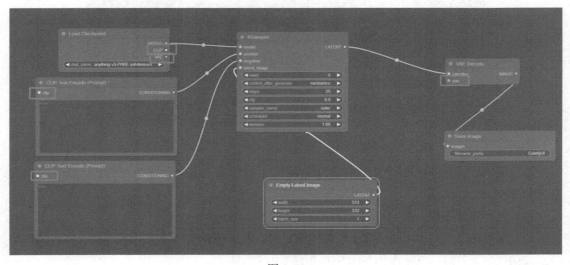

图 9-76

生成图片测试：选择模型，填写提示词 1girl，控制图像尺寸迭代部署图片数量等信息，单击 Queue Prompt 按钮，生成结果如图 9-77 所示。

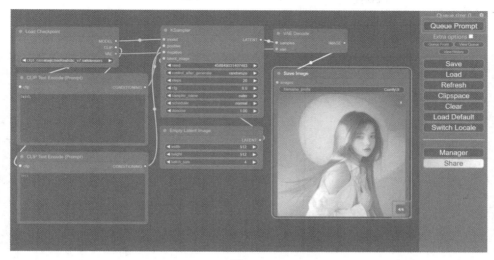

图 9-77

导出工作流：单击右侧 Save 按钮保存工作流，会得到后缀为.json 的文件。用户可以拖入并打开其他用户创建的 json 文件，或者通过工作流生成的图片来复制工作流，具体操作如图 9-78 所示。

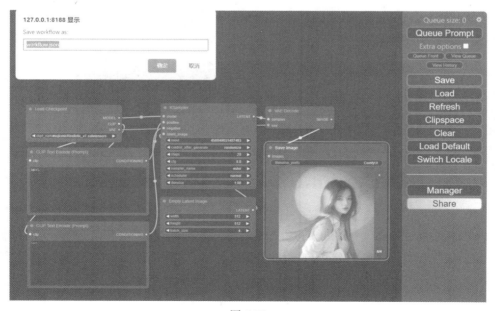

图 9-78

上述内容阐述了文生图各个模块的搭建、各个节点的连接及各个功能的使用方法。通过以上的学习，可以了解了 ComfyUI 工具的大致运行逻辑，下面给文生图各个模块做一个具体的解释，方便大家对于 ComfyUI 工作流有更深入的理解。

文生图的各个模块汇总如图 9-79 所示。

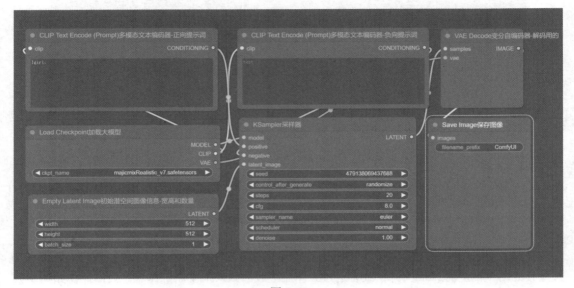

图 9-79

（1）Load Checkpoint（加载大模型），这个模块有显示大模开进的名字，可以选择模型，该模型界面如图 9-80 所示。

图 9-80

（2）Clip Text Encode（Promot）多模态文本编码器，该模块可以书写正向提示词和反向提示词。该模块将自然语言和视觉信息进行联合训练，从而实现图像与文本之间的跨模态理解，可以简单理解为该模块可以让计算机理解 1girl、1dog 等都是要画什么，该模块界面如图 9-81 所示。

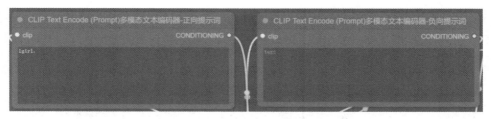

图 9-81

（3）KSampler 采样器是采样方法、迭代步数、随机种子等参数的集合模块。

其中，seed（随机种子）值不能是 –1，但是可以选择固定、随机和增减；scheduler 控制每个步骤中噪声水平的变化方式；denoise 表示降噪过程应消除多少初始噪声（1.00 表示全部），该模块界面如图 9-82 所示。

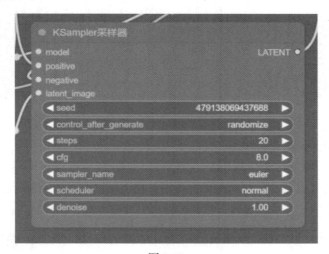

图 9-82

（4）Empty Latent Image 初始潜空间图像信息，该模块设置图像的宽高和数量，不涉及具体的图像，AI 根据设置的图像宽高和数量画图。通俗来说这个模块就是给 AI 几张纸，纸多大，AI 就画多大，给几张纸，AI 就画几张图，该模块如图 9-83 所示。

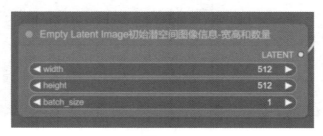

图 9-83

（5）VAE 编码模块 CLIP 文本编码模块编码到潜空间，VAE 解码模块将其解码成最终的图像。多数模型训练的时候都自带 VAE，所以输入可以直接连接到大模型上，外加 VAE 需要新建 VAE 加载模块，该模块界面如图 9-84 所示。

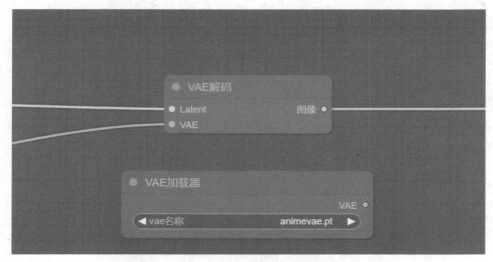

图 9-84

（6）Save|Preview Image 模块

保存位置：根目录\ComfyUI\output。

建立保存图像的节点时，生成的图片将自动保存，预览节点则不会保存。预览节点需要保存图片时，可以右击图片并在浏览器上打开，即可另存到本地，该模块界面如图 9-85 所示。

图 9-85

通过以上步骤，就可以成功搭建并配置 ComfyUI 的各个模块。在使用过程中对于这些基础工作流的搭建方法多加练习有助于形成数据流动的思路，从而在后续应对复杂工作流时达到事半功倍的效果。

9.6　使用 IP-Adapter 在 ComfyUI 中保持人物一致性

在个性化媒体内容的创建和编辑方面，图像处理和风格转换技术的发展突飞猛进，IP-Adapter 是这一领域中的一种革命性技术。它能够帮助用户轻松地复制不同的视觉风格并应用到其他图片上。这一技术不仅增强了创意表达的自由度，也极大地扩展了设计师和内容创作者的创作边界。本节将讨论 IP-Adapter 基础工作流下载与其在 ComfyUI 中的使用方法。

IP-Adapter 模型的使用方法有很多，最常使用的是复制风格工作流和换脸工作流。在阐述使用方法之前先看一下效果。比如，拿出一张素材图（见图 9-86），参照这种素材图片，给不同的图片更换风格。

直接参照素材图，生成的结果如图 9-87 所示。

图 9-86　　　　　　　　　　　　　　　　图 9-87

IP-Adapter 不只可以借用风格生成图片，还可以复制图片风格到各种图像上。比如，拿图 9-88 所示的人物图片，将图 9-86 所示的素材图的风格复制到该图片上，生成结果如图 9-89 所示。

图 9-88

图 9-89

看完了效果，接下来说明该节点是如何搭建及使用的。

节点下载地址： https://github.com/cubiq/ComfyUIIP-Adapterplus。

网址主页面如图 9-90 所示。

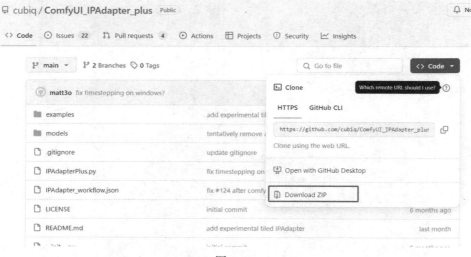

图 9-90

节点安装位置：根目录/custom_nodes，如图 9-91 所示。

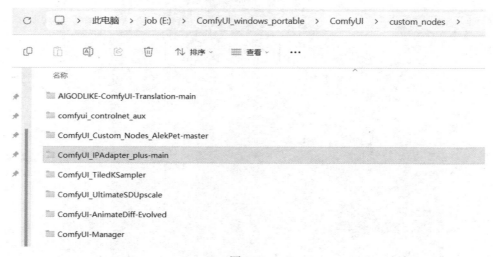

图 9-91

模型下载地址：https://huggingface.co/h94/IP-Adapter。

网址主页面如图 9-92 所示。

IP-Adapter for SD 1.5

- ip-adapter_sd15.bin: use global image embedding from OpenCLIP-ViT-H-14 as condition
- ip-adapter_sd15_light.bin: same as ip-adapter_sd15, but more compatible with text prompt
- ip-adapter-plus_sd15.bin: use patch image embeddings from OpenCLIP-ViT-H-14 as condition, closer to the reference image than ip-adapter_sd15
- ip-adapter-plus-face_sd15.bin: same as ip-adapter-plus_sd15, but use cropped face image as condition

IP-Adapter for SDXL 1.0

- ip-adapter_sdxl.bin: use global image embedding from OpenCLIP-ViT-bigG-14 as condition
- ip-adapter_sdxl_vit-h.bin: same as ip-adapter_sdxl, but use OpenCLIP-ViT-H-14
- ip-adapter-plus_sdxl_vit-h.bin: use patch image embeddings from OpenCLIP-ViT-H-14 as condition, closer to the reference image than ip-adapter_xl and ip-adapter_sdxl_vit-h
- ip-adapter-plus-face_sdxl_vit-h.bin: same as ip-adapter-plus_sdxl_vit-h, but use cropped face image as condition

图 9-92

单击模型后，在弹出页面单击 download 下载，如图 9-93 所示。

irus　茸 pickle

This file is stored with Git LFS . It is too big to display, but you can still download it.

1153588047affe0058

le storing the file contents on a remote server. More info.

图 9-93

模型安装位置：根目录\custom_nodes\ComfyUI_IP-Adapter_plus-main\models。
详细信息如图 9-94 所示。

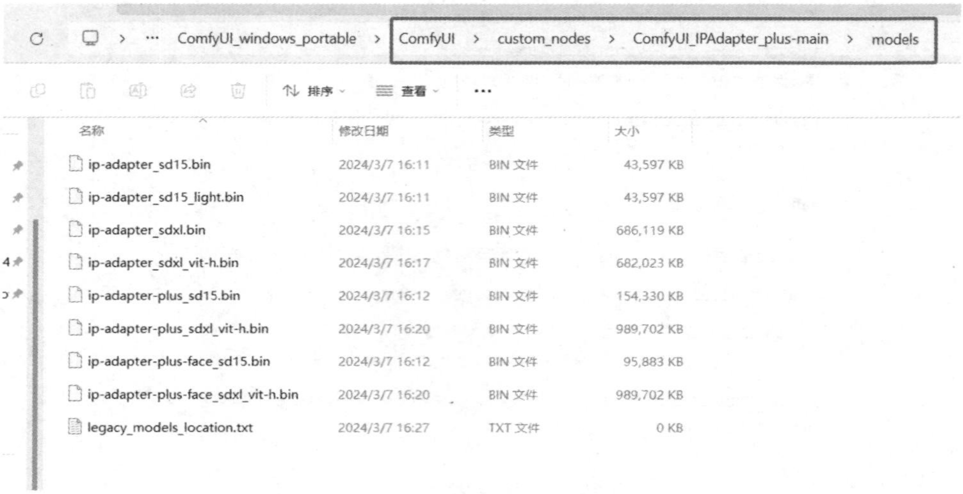

图 9-94

图像编码器下载地址：https://huggingface.co/h94/IP-Adapter。

和上述模型下载的地址一致，在上方单击 images encoder，下载 model.safetensors 模型，下载后需要重命名，具体操作如图 9-95 所示。

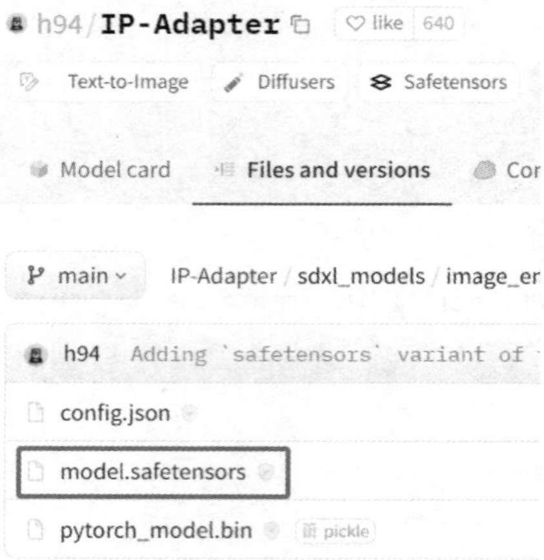

图 9-95

图像编码器安装位置：根目录/models/clip_vision。

与 SDXL 的模型安装方法同理，注意需要重命名。具体细节如图 9-96 所示。

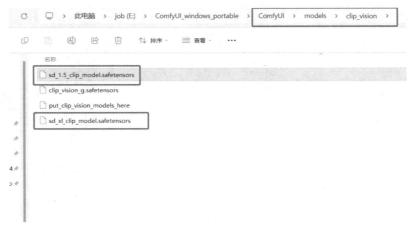

图 9-96

搭建 IP_Adapater 节点方法如下。

载入图像，应用到 IP_Adapater 模块，搭建 IP_Adapater 模型载入模块及视觉模型载入模块，用户可以根据模块名称来搜寻并搭建对应的模块，具体信息如图 9-97 所示。

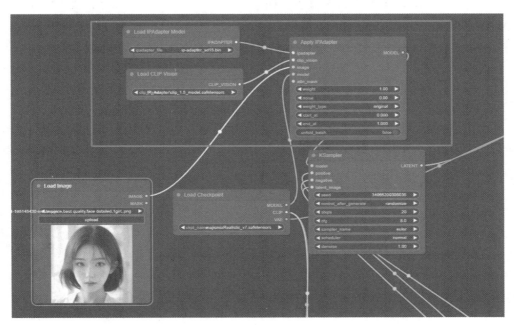

图 9-97

IP_Adapater 可以借鉴图片的风格，搭建完整工作流，展示效果如图 9-98 所示。

图 9-98

搭建换脸工作流方法。

Load IP-Adapter Model 模块使用 ip-adapter-plus-facesdxlvit-h.bin 模型。此处需要注意：clip_vision 如果用 XL 模型报错的话，使用 1.5 模型代替即可。工作流细节如图 9-99 所示。

图 9-99

图片融合方法如下。

添加一个 Batch Images 模块，实现两张图片融合，工作流细节如图 9-100 所示。

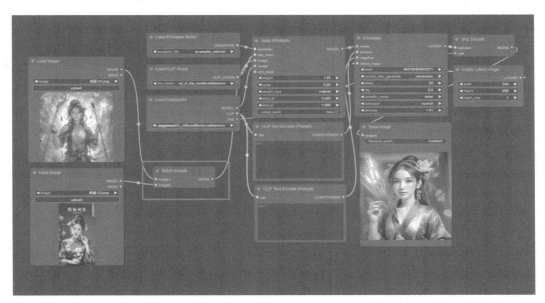

图 9-100

也可以使用 Apply IP-Adapter from Encoded 模块来融合对应图片，操作细节如图 9-101 所示。

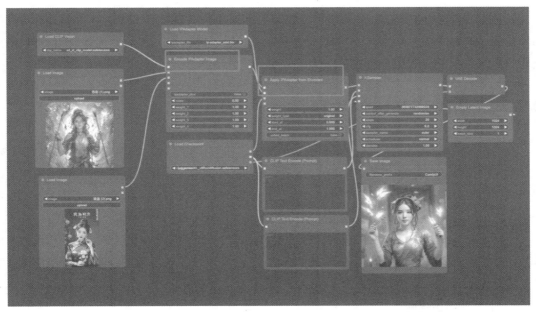

图 9-101

IP-Adapter 可以和 ControlNet 结合使用复制图片风格到另一张图片上，操作细节如图 9-102 所示。

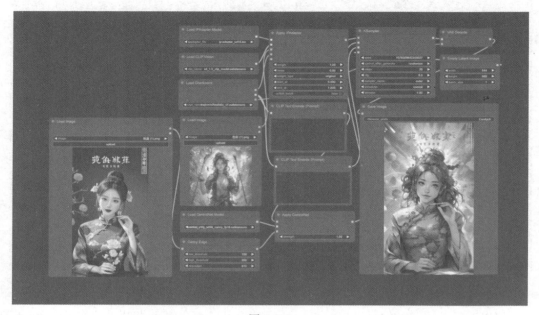

图 9-102

通过本节的详细介绍和示例操作，可以看到 IP-Adapter 在图像风格转换和特征融合方面的强大功能。不论是在艺术创作、广告设计还是在个人媒体项目中，运用 IP-Adapter 所提供的工具和技术，都能开启无限的可能性。

9.7 从证件照开始的拍摄技术

在拍摄技术领域，AI 的介入已经极大地改变了制作照片的方式。曾经必须前往实体照相馆，而现在几乎可以在家就完成照片的制作。本节将通过一个具体案例探讨如何利用 AI 工具优化证件照的拍摄流程，从而更有效地应对日益增长的数字化需求，并展示如何整合这些技术以制作符合官方标准的照片。

假设没有 AI 工具，那么拍摄证件照前要去寻找符合规范的服装，然后到实体照相馆去拍摄所需证件照。而如今 AI 工具的发展改变了这个进程，下面介绍三种常用的使用 AI 制作证件照的方法。

1. 证件照模板换脸

这种方法可以将用户的面部图像"合成"或"粘贴"到一个标准的证件照模板上。首先，用户需要提供一张质量较高的正面脸部照片；然后，使用 AI 技术识别面部关键点，并将其与证件照模板中的相应位置匹配；最后，AI 将处理面部图像以适应模板的尺寸和规格，确保照片满足官方要求。这种方法常用于生成符合规定的护照或身份证照片。

2. 个人照片换背景

在这种方法中，AI 用于识别和分割照片中的前景（通常是人物）和背景。通过 AI 技术，可以将原始背景去除，并替换成一个单色或简单图案的背景，以满足证件照的要求。

3. 训练特定人物

这种方法指的是使用机器学习模型，特别是深度学习模型来"学习"特定人物的面部特征，通过大量的图像数据训练，使模型可以生成高质量、高相似度的人脸图像。

以下将探讨一个具体的案例：能否直接使用 AI 生成证件照的标准照片，再将人物的面部替换，从而一键得到符合人物形象的标准证件照片。

在 ComfyUI 中，先调节文生图的工作流。本节选择写实的模型麦橘，设计提示词如下。
`1girl,portraits.identification photo,white suit,grey grey_background,`
如图 9-103 所示。

图 9-103

人物照片可以用 AI 生成一张辨识度比较高的人物图片，如图 9-104 所示。

接着整理工作流。将换脸节点放在模型和 KSampler 采样器之间，具体操作如图 9-105 所示。

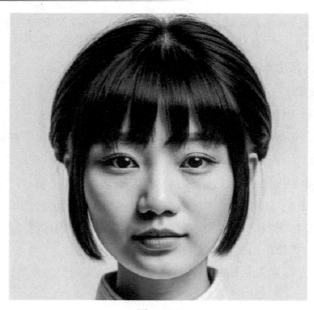

图 9-104

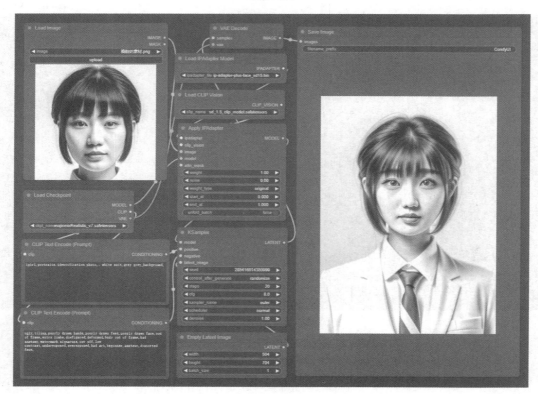

图 9-105

　　图片生成效果看起来不错，但不能用作证件照，因为人物的质感有所欠缺，照片仍有一些不真实的感觉。将生成的照片放大后，效果如图 9-106 所示。

图 9-106

　　如果是趣味换装的玩法，上述工作流可以满足需求，但是对于证件照来说，该工作流生成的图像未达到要求。通过仔细分析，发现以上工作流有一个明显的短板，就是整个流程一键生成，无法看到原图，换脸后的细节不好调整。现在改进一下，将原来的工作流改为两次采样，一次用来生成对应的模板图片，另一次用来将人物面部信息与模板图片上的人物面部信息进行替换。改进完成之后的工作流如图 9-107 所示。

　　通过分析新的工作流生成的图片，问题显而易见，像不像模板人物是参数细节问题，但是第一次生成的证件照人物模板不真实，就是大方向的失误。为此，应选择更换质感好的模型。

　　模型下载地址：https://civitai.com/models/4201/realistic-vision-v60-b1。

　　模型展示信息如图 9-108 所示。

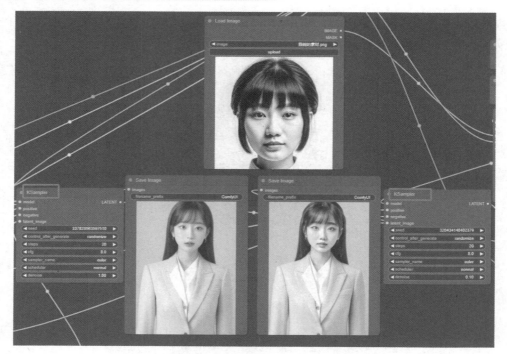

图 9-107

图 9-108

模型安装位置：根目录\models\checkpoints（和 WebUI 共用目录则两处均可），具体细节如图 9-109 所示。

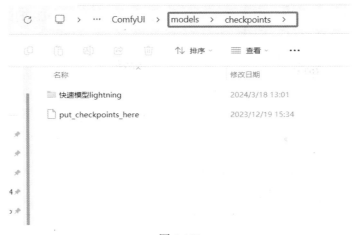

图 9-109

　　将模型添加到上述改进后的工作流中，其余参数保持不变，生成图片的质感和效果均符合证件照要求。整体工作流如图 9-110 所示。

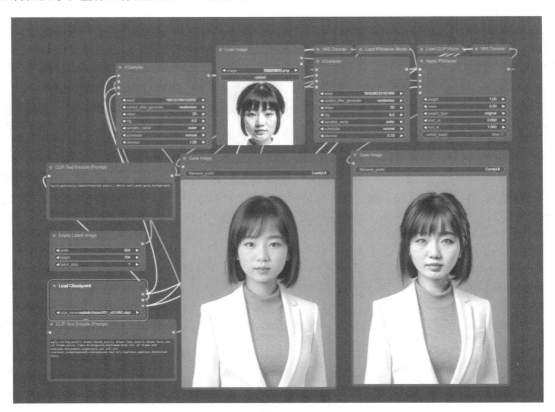

图 9-110

打印证件照时可以让 ComfyUI 工作流和 WPS 协同工作，即将生成出的图片放到 WPS 中，选择一键排版功能，就能得到一张排版好的证件照，直接打印即可使用。具体操作过程如图 9-111 所示。

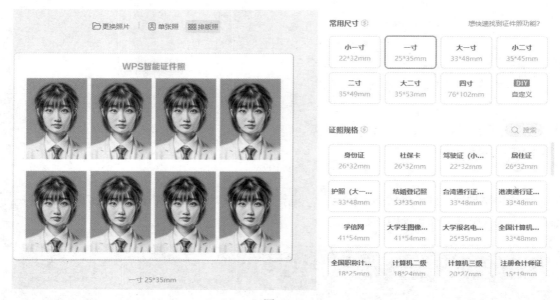

图 9-111

最后再补充一些容易被忽略的小细节。例如，证件照的比例为 25*35mm（25mm×35mm）；生成图片时选择尺寸最好为 5：7；证件照要求面部清晰、无遮挡、身姿端正等，而用以上工作流拍摄写真、电商、旅拍等图片时要求又会不同，所以要根据实际需求制订不同的处理方案。

AI 不仅仅是一个技术工具，更是推动创新和提升工作效率的重要力量。尽管 AI 技术提供了许多便利，但在应用过程中也需留意保持图片的自然质感和符合官方要求的严格标准。未来，随着技术的进一步发展和优化，预计 AI 将在更多专业领域内发挥更广泛的作用。

第 10 章 AI 伦理与法律

前文介绍了一系列实用的 AI 工具和应用场景,从文本生成到智能写作助手,再到图片处理,这些工具的出现使 AI 技术在各个领域有了惊人应用,但同时这也引发了一系列潜在的法律问题。当人们沉浸在探索 AI 技术带来的无限可能性时,也不得不面对一系列对伦理和法律的挑战。

本章将重点探讨数字版权与法律问题。在数字环境中,侵权行为变得更加隐蔽和普遍,这加剧了版权保护的难度。因此,在探索和应用 AI 技术的过程中,必须时刻牢记法律和伦理的底线,避免侵权行为,尊重他人的权利和隐私,保持内容的健康,维护公共秩序。只有这样,才能真正发挥 AI 技术的优势,推动社会的良性发展。

10.1 数字版权与法律:AI 应用中的法律问题探讨

AI 的应用伴随着一系列对法律的挑战。如数字版权、隐私与肖像权、不健康内容的创作等问题需要人们高度警惕和应对。本节将探讨在 AI 应用中所面临的法律问题,并强调遵守相关法律法规、尊重他人权益的重要性。

1. 数字版权侵权问题

在数字环境中,抄袭、模仿、非授权使用和二次创作等侵权行为变得更加隐蔽和普遍。AI 技术的广泛使用使这些问题更严重,因此,为了避免这些侵权行为,我们必须加强版权意识,遵循法律规定,以及采取有效的版权保护措施,这样才能有效降低数字版权侵权的风险。

2. 隐私与肖像权问题

在 AI 应用中,未授权的前提下使用他人的头像或者丑化公众人物的行为可能触犯隐私与肖像权,造成法律纠纷和不良事件。因此,在使用 AI 技术时必须尊重他人的隐私和肖像权,避免违反相关法律法规。

3. 不健康内容创作的风险

在 AI 生成内容的时代，色情暴力、反社会等不良内容的传播可能违反公序良俗，甚至触及法律。因此，应该拒绝创作和传播任何不健康的内容，遵守法律法规，维护社会秩序和道德底线。

4. 遵守相关法律法规

为了避免法律风险，AI 从业者需要遵守相关的法律法规，包括生成式 AI 服务管理暂行办法、深度合成的规定、算法推荐管理的规定、安全法、数据安全保护法以及个人信息保护法等。这些法律法规旨在规范 AI 行业的发展，保护用户的权益，维护社会稳定。AI 从业者应该认真学习和遵守这些法律法规，确保自己的行为合法合规。

5. 避免法律风险的关键

避免法律风险的关键在于加强法律意识，遵守法律法规，尊重他人的权益，以及保持公序良俗。在使用 AI 技术时，应该谨慎选择内容，避免违法违规的行为，以免给自己和他人带来麻烦和损失。只有做到合法合规，才能安心使用 AI 技术，享受其带来的便利和乐趣。

数字版权与法律问题已成为 AI 行业必须面对的重要挑战。只有充分认识到这些问题的严重性，增强法律意识，积极遵守法律法规，才能有效应对风险，保护自己的权益，确保 AI 技术的健康发展。让我们携手共建一个法治、和谐的数字化社会，共同开创美好的未来。

10.2　AI 从业者管理办法：对从业者的影响与规范

在 AI 领域，从业者的行为举止不仅会影响自身的发展，还可能对整个行业产生深远的影响。因此，理解并遵守相关的管理办法是至关重要的。

1. 信息安全与隐私保护

AI 从业者的首要责任就是确保信息的安全与隐私的保护。这不仅涉及个人敏感信息的保护，还包括他人的相关信息。在获取、处理和存储数据时，务必要遵循相关的法律法规，确保信息来源的合法性和正当性。同时，加强对数据的安全管理，采取必要的措施，保障数据不被非法获取或滥用。

2. 技术产权的尊重

在 AI 服务过程中，所涉及技术产权必须被充分尊重和保护。不论是商标还是版权，各方都需要在服务过程中明确并遵守规定，以避免可能产生的纠纷和争议。AI 从业者应该尊重他人的知识产权，严禁侵犯他人的技术产权，同时也要保护自己的知识产权，确保自己的创新成果得到法律保护和公众的认可。

3.　角色定位与责任分担

在 AI 服务中，从业者可扮演不同的角色，可能是个人服务提供者，也可能是企业或平台方的技术服务提供者。不同的角色意味着不同的责任与义务。个人服务提供者需要特别注意信息安全和隐私保护，而企业或平台方的技术服务提供者则需要做好相关备案工作，做好 AI 生成标识，并确保数据来源的合法性和正当性。AI 从业者应该明确自己的角色定位，承担相应的责任，遵守相关的法律法规，避免超越自身权限的行为。

4.　跨境合作与法律遵循

在跨境合作中，从业者需要特别关注不同国家或地区的法律法规，确保自己的行为符合当地的法律要求。尤其是对于海外客户或合作伙伴的从业者，应该充分了解对方国家的法律环境，避免可能产生的法律风险和纠纷；同时，也要注意跨境数据流动的合规性，遵循相关的数据保护法律法规，保护用户的隐私权和数据安全。

5.　发展与规范并重

AI 从业者应该不断努力学习，提升自己的专业能力，积极参与行业规范的建设和完善，促进行业的健康发展。同时，也要时刻牢记自己的行为对整个行业的影响，遵守相关的管理办法和规范，不做违法违规的事情，保持良好的职业操守和道德标准。

AI 从业者要注重信息安全与隐私保护，尊重技术产权，合理定位自己的角色与责任，遵守法律法规，规范自己的行为，促进行业的健康发展，为构建信任和透明的 AI 生态环境作出应有的贡献。

10.3　AI 创作者行业前景展望与机遇把握

AI 作为一种革命性技术，正在深刻改变着各行各业的发展模式与格局。AI 从业者需要时刻紧跟行业趋势，洞察未来发展的机遇与挑战。本节将围绕北京市的十个行业大模型典型应用案例展开讨论，深入探究 AI 创作者行业的前景展望，以及如何参与并抓住机遇，充分利用时代赋予我们的红利。

1.　北京市行业大模型典型应用案例概览

在北京市，各行各业都在积极探索并应用 AI 技术，以下是十个典型案例的概述。

电力行业的 NLP 大模型：百度与国家电网合作开发的设备运检知识助手示范应用，提升了电力设备运维效率与安全性。

数字中医：由智朴华章与北京中医药大学联合开发，为中医领域引入了智能化技术，提升了中医诊疗水平。

建筑领域的多模态大模型：由中国科学院与中铁建设集团共同开发，为建筑设计与施工提供了全方位的智能支持。

城市治理与城市大脑：由百度与国家电网合作研发，通过数据智能化手段提升了城市管理水平。

数字中医大模型：由中关村城市大脑有限公司与科大讯飞共同研发，为中医领域引入了智能化技术。

山海大模型：由云知声智与北京友谊医院合作开发，提升了医学门诊病历的智能化处理能力。

城市治理领域：由第四范式与中关村银行合作开发，为城市治理提供了智能化解决方案。

自动驾驶：由毫末智行科技与长城汽车股份合作开发，将 ChatGPT 技术应用于自动驾驶领域，推动了智能交通的发展。

智慧生活：由衔远有限公司与北京一清科技合作开发，为消费领域带来了智能化改革。

智能问答大模型：由面壁智能科技与智者四海合作开发，为智能问答系统注入了新的智能元素。

2. 典型应用案例带来的启示

通过对以上案例的分析，可以得出以下启示。

技术与场景的结合创新：不同行业的典型应用案例展示了技术与场景的深度结合与创新，如自动驾驶技术与 ChatGPT 结合、数字中医与中医领域的结合等，这为未来的技术发展提供了新的思路与机遇。

强强联合的合作模式：典型案例中涉及许多企业强强联合的合作模式，如百度与国家电网、科大讯飞与中关村城市大脑有限公司等，这种合作模式既整合了各方的优势资源，也提高了项目的成功率与效益。

新应用与新模式的探索：部分案例涉及新领域的应用与新模式的探索，如城市大脑、智能问答系统等，这为未来的行业发展开辟了新的方向与可能性。

3. 参与机遇与抓住时代红利的策略

针对以上启示，AI 创作者可以采取以下策略来参与机遇与抓住时代红利。

关注龙头企业与平台：大模型的开发需要龙头企业与平台的支持与合作，因此 AI 创业者应当积极关注相关的龙头企业与平台，寻求合作与共赢的机会。

技术与场景的创新：AI 创业者应当不断关注技术与场景的创新，将 AI 技术与各行各业的场景需求结合起来，开发出具有实际应用价值的解决方案。

配套服务商的角色：如果没有成为龙头企业或受到国家政策扶持的企业，可以考虑成为配套服务商为大型项目提供支持与服务，这样的角色既现实又有一定收益。

通过对北京市十个行业大模型典型应用案例的深入分析，我们对 AI 创作者行业的前景展望有了更清晰的认识，并且也提出了参与机遇与抓住时代红利的策略。未来，随着技术的不断进步与应用场景的不断拓展，AI 创作者将迎来更广阔的发展空间与更丰富的机遇。让我们紧跟时代的步伐，不断学习与创新，共同开创 AI 创作者行业的美好未来！

10.4　AI 从业者的后续学习路径

作为一名拥有 ChatGPT、Midjourney、Stable Diffusion 等 AI 工作软件技能的 AI 从业者，已经站在了 AI 技术的前沿，而且在职场中已经展现出了解决问题、沟通协作等方面的能力。然而，要想在这个不断发展的领域中保持竞争力，持续学习和提升至关重要。

本节将分享一些对未来学习方向和策略的看法，以指导 AI 从业者实现持续学习和职业发展目标。

1.　学习原则

学习的过程不仅仅是获取知识，更重要的是培养解决问题的能力。尤其是在 AI 工具的使用下，往往更加专注于如何利用工具解决问题，而忽视了问题的本质。因此，AI 从业者需要不断提升的是定义和解决问题的能力，这将是在未来职场中持续发展的基石。

2.　学习方向

1）原有工作 AI 化

在原有的工作基础上，利用 AI 技术提升工作效率和创新能力。例如，一位作家，可以利用 ChatGPT 等工具辅助创作，以便将更多精力投入构思、行文和布局上，而不是花费大量时间在资料的查询和素材的搜索上。再如，一位设计师，可以利用 AI 生成效果图，与客户进行更多的沟通，减少返工次数，提高工作效率。又如，一位作家利用 ChatGPT 进行写作辅助时，发现自己能够更快速地构思故事情节和人物性格，大幅提升了创作效率。同时，通过与 AI 进行交互，能够不断优化作品的结构和语言，使之更加符合读者的口味，增加了作品的受欢迎程度。

2）独立创作全新项目

AI 技术的发展不仅创造了新的工种，也提供了更多创新的可能性。AI 从业者可以探索独立创作全新的项目，如探索提示词工程师等新兴领域，为自己的职业发展开辟新的道路。例如，一位 AI 从业者发现在提示词工程师这个领域存在很多机会，于是开始学习相关知识，并独立开发了一款提示词生成工具，受到了行业内的认可和好评。

3）参与 AI 基础设施的完善

AI 行业的发展离不开基础设施的不断完善，包括模型训练、算法优化等方面。AI 从业者可以参与行业基础设施的建设，为行业的发展贡献自己的力量。例如，一位 AI 从业者加入了一个 AI 开发团队，参与了一个基于深度学习的图像识别模型的开发工作。通过不断地优化算法和训练模型，他们成功地提升了图像识别的准确率，为公司的产品带来了更好的用户体验。

3. 学习策略

1）强调问题解决能力

无论是现有工作的 AI 化还是全新项目的 AI 创作，解决问题的能力都是至关重要的。因此，从业者需要不断提升自己定义和解决问题的能力，这将成为从业者在职场中立于不败之地的关键。

2）规范工作流程

在实际工作中，规范的工作流程可以提高工作效率和质量。因此，从业者需要学习如何规范工作流程，将复杂的任务分解成可执行的步骤，以确保工作的顺利进行。

3）学习先进的专业技能

除了 AI 工具的使用外，从业者还需要学习一些专业技能，以应对职场中的各种挑战。从业者应当根据自己的兴趣和工作需求来选择要学习技能，同时也要关注市场上的新兴技能，不断保持自己的竞争力。

在 AI 的时代，学习是一个永恒的议题。AI 从业者需要持续地探索新的学习路径和策略，以适应行业的发展需求并保持竞争力。因此，应鼓励所有 AI 从业者持续提升自己的问题解决能力，规范化工作流程，学习先进的专业技能，共同探索 AI 领域的未来。让我们在学习的道路上不断前进，一起创造一个更加辉煌的未来。